I0480909

MATH
addition and subtraction

THIS BOOK BELONG TO

....

TABLE OF CONTENTS

1. 9
   + 3
   ....

2. 6
   + 8
   ....

3. 6
   + 3
   ....

4. 7
   + 5
   ....

5. 3
   + 6
   ....

6. 2
   + 5
   ....

7. 4
   + 5
   ....

8. 8
   + 4
   ....

9. 9
   + 6
   ....

10. 2
    + 8
    ....

11. 8
    + 7
    ....

12. 2
    + 9
    ....

13. 7
    + 3
    ....

14. 3
    + 4
    ....

15. 9
    + 5
    ....

16. $\begin{array}{r} 7 \\ + \ 8 \\ \hline \end{array}$

17. $\begin{array}{r} 1 \\ + \ 10 \\ \hline \end{array}$

18. $\begin{array}{r} 5 \\ + \ 2 \\ \hline \end{array}$

19. $\begin{array}{r} 8 \\ + \ 3 \\ \hline \end{array}$

20. $\begin{array}{r} 7 \\ + \ 4 \\ \hline \end{array}$

21. $\begin{array}{r} 9 \\ + \ 10 \\ \hline \end{array}$

22. $\begin{array}{r} 3 \\ + \ 10 \\ \hline \end{array}$

23. $\begin{array}{r} 7 \\ + \ 10 \\ \hline \end{array}$

24. $\begin{array}{r} 3 \\ + \ 9 \\ \hline \end{array}$

25. $\begin{array}{r} 6 \\ + \ 2 \\ \hline \end{array}$

26. $\begin{array}{r} 4 \\ + \ 4 \\ \hline \end{array}$

27. $\begin{array}{r} 1 \\ + \ 7 \\ \hline \end{array}$

28. $\begin{array}{r} 3 \\ + \ 5 \\ \hline \end{array}$

29. $\begin{array}{r} 6 \\ + \ 6 \\ \hline \end{array}$

30. $\begin{array}{r} 7 \\ + \ 7 \\ \hline \end{array}$

31.
$$\begin{array}{r} 5 \\ + 9 \\ \hline \end{array}$$

32.
$$\begin{array}{r} 2 \\ + 7 \\ \hline \end{array}$$

33.
$$\begin{array}{r} 10 \\ + 3 \\ \hline \end{array}$$

34.
$$\begin{array}{r} 10 \\ + 8 \\ \hline \end{array}$$

35.
$$\begin{array}{r} 10 \\ + 7 \\ \hline \end{array}$$

36.
$$\begin{array}{r} 5 \\ + 4 \\ \hline \end{array}$$

37.
$$\begin{array}{r} 10 \\ + 2 \\ \hline \end{array}$$

38.
$$\begin{array}{r} 5 \\ + 8 \\ \hline \end{array}$$

39.
$$\begin{array}{r} 10 \\ + 5 \\ \hline \end{array}$$

40.
$$\begin{array}{r} 2 \\ + 3 \\ \hline \end{array}$$

41.
$$\begin{array}{r} 9 \\ + 7 \\ \hline \end{array}$$

42.
$$\begin{array}{r} 4 \\ + 7 \\ \hline \end{array}$$

43.
$$\begin{array}{r} 6 \\ + 9 \\ \hline \end{array}$$

44.
$$\begin{array}{r} 6 \\ + 7 \\ \hline \end{array}$$

45.
$$\begin{array}{r} 4 \\ + 9 \\ \hline \end{array}$$

46.
$$\begin{array}{r} 2 \\ +\ 10 \\ \hline \end{array}$$

47.
$$\begin{array}{r} 3 \\ +\ 7 \\ \hline \end{array}$$

48.
$$\begin{array}{r} 9 \\ +\ 8 \\ \hline \end{array}$$

49.
$$\begin{array}{r} 7 \\ +\ 9 \\ \hline \end{array}$$

50.
$$\begin{array}{r} 8 \\ +\ 5 \\ \hline \end{array}$$

51.
$$\begin{array}{r} 7 \\ +\ 2 \\ \hline \end{array}$$

52.
$$\begin{array}{r} 2 \\ +\ 4 \\ \hline \end{array}$$

53.
$$\begin{array}{r} 9 \\ +\ 9 \\ \hline \end{array}$$

54.
$$\begin{array}{r} 2 \\ +\ 6 \\ \hline \end{array}$$

55.
$$\begin{array}{r} 4 \\ +\ 10 \\ \hline \end{array}$$

56.
$$\begin{array}{r} 7 \\ +\ 6 \\ \hline \end{array}$$

57.
$$\begin{array}{r} 5 \\ +\ 7 \\ \hline \end{array}$$

58.
$$\begin{array}{r} 5 \\ +\ 5 \\ \hline \end{array}$$

59.
$$\begin{array}{r} 3 \\ +\ 3 \\ \hline \end{array}$$

60.
$$\begin{array}{r} 8 \\ +\ 10 \\ \hline \end{array}$$

61.
$$\begin{array}{r} 9 \\ + \ 2 \\ \hline \end{array}$$

62.
$$\begin{array}{r} 1 \\ + \ 4 \\ \hline \end{array}$$

63.
$$\begin{array}{r} 1 \\ + \ 3 \\ \hline \end{array}$$

64.
$$\begin{array}{r} 10 \\ + \ 6 \\ \hline \end{array}$$

65.
$$\begin{array}{r} 6 \\ + \ 5 \\ \hline \end{array}$$

66.
$$\begin{array}{r} 8 \\ + \ 9 \\ \hline \end{array}$$

67.
$$\begin{array}{r} 3 \\ + \ 2 \\ \hline \end{array}$$

68.
$$\begin{array}{r} 8 \\ + \ 8 \\ \hline \end{array}$$

69.
$$\begin{array}{r} 10 \\ + \ 9 \\ \hline \end{array}$$

70.
$$\begin{array}{r} 4 \\ + \ 6 \\ \hline \end{array}$$

71.
$$\begin{array}{r} 8 \\ + \ 6 \\ \hline \end{array}$$

72.
$$\begin{array}{r} 9 \\ + \ 4 \\ \hline \end{array}$$

73.
$$\begin{array}{r} 4 \\ + \ 3 \\ \hline \end{array}$$

74.
$$\begin{array}{r} 5 \\ + \ 3 \\ \hline \end{array}$$

75.
$$\begin{array}{r} 5 \\ + \ 6 \\ \hline \end{array}$$

76.
$$\begin{array}{r} 4 \\ +\ 8 \\ \hline \end{array}$$

77.
$$\begin{array}{r} 1 \\ +\ 6 \\ \hline \end{array}$$

78.
$$\begin{array}{r} 3 \\ +\ 8 \\ \hline \end{array}$$

79.
$$\begin{array}{r} 6 \\ +\ 10 \\ \hline \end{array}$$

80.
$$\begin{array}{r} 1 \\ +\ 9 \\ \hline \end{array}$$

81.
$$\begin{array}{r} 8 \\ +\ 2 \\ \hline \end{array}$$

82.
$$\begin{array}{r} 6 \\ +\ 4 \\ \hline \end{array}$$

83.
$$\begin{array}{r} 5 \\ +\ 10 \\ \hline \end{array}$$

84.
$$\begin{array}{r} 4 \\ +\ 2 \\ \hline \end{array}$$

85.
$$\begin{array}{r} 1 \\ +\ 2 \\ \hline \end{array}$$

86.
$$\begin{array}{r} 10 \\ +\ 4 \\ \hline \end{array}$$

87.
$$\begin{array}{r} 1 \\ +\ 5 \\ \hline \end{array}$$

88.
$$\begin{array}{r} 2 \\ +\ 2 \\ \hline \end{array}$$

89.
$$\begin{array}{r} 1 \\ +\ 8 \\ \hline \end{array}$$

90.
$$\begin{array}{r} 10 \\ +\ 10 \\ \hline \end{array}$$

ADDITION

91.
$$25$$
$$+ 18$$

92.
$$21$$
$$+ 4$$

93.
$$24$$
$$+ 29$$

94.
$$18$$
$$+ 30$$

95.
$$12$$
$$+ 23$$

96.
$$18$$
$$+ 11$$

97.
$$13$$
$$+ 25$$

98.
$$15$$
$$+ 18$$

99.
$$21$$
$$+ 27$$

100.
$$28$$
$$+ 4$$

101.
$$23$$
$$+ 3$$

102.
$$13$$
$$+ 7$$

103.
$$13$$
$$+ 8$$

104.
$$25$$
$$+ 12$$

105.
$$25$$
$$+ 10$$

106.
$$\begin{array}{r} 14 \\ +\ \ 3 \\ \hline \end{array}$$

107.
$$\begin{array}{r} 29 \\ +\ 22 \\ \hline \end{array}$$

108.
$$\begin{array}{r} 30 \\ +\ \ 8 \\ \hline \end{array}$$

109.
$$\begin{array}{r} 5 \\ +\ 9 \\ \hline \end{array}$$

110.
$$\begin{array}{r} 27 \\ +\ 20 \\ \hline \end{array}$$

111.
$$\begin{array}{r} 22 \\ +\ \ 2 \\ \hline \end{array}$$

112.
$$\begin{array}{r} 25 \\ +\ 25 \\ \hline \end{array}$$

113.
$$\begin{array}{r} 5 \\ +\ 19 \\ \hline \end{array}$$

114.
$$\begin{array}{r} 28 \\ +\ \ 7 \\ \hline \end{array}$$

115.
$$\begin{array}{r} 15 \\ +\ 22 \\ \hline \end{array}$$

116.
$$\begin{array}{r} 9 \\ +\ 13 \\ \hline \end{array}$$

117.
$$\begin{array}{r} 28 \\ +\ 23 \\ \hline \end{array}$$

118.
$$\begin{array}{r} 12 \\ +\ 14 \\ \hline \end{array}$$

119.
$$\begin{array}{r} 24 \\ +\ 18 \\ \hline \end{array}$$

120.
$$\begin{array}{r} 10 \\ +\ \ 6 \\ \hline \end{array}$$

121. 10
    + 29

122. 15
    + 16

123. 15
    + 19

124. 26
    + 7

125. 26
    + 19

126. 10
    + 4

127. 14
    + 11

128. 10
    + 7

129. 16
    + 19

130. 28
    + 18

131. 25
    + 8

132. 29
    + 9

133.   7
    + 22

134. 16
    + 22

135. 20
    + 10

136.
$$\begin{array}{r} 16 \\ + \ 13 \\ \hline \end{array}$$

137.
$$\begin{array}{r} 24 \\ + \ 22 \\ \hline \end{array}$$

138.
$$\begin{array}{r} 13 \\ + \ 24 \\ \hline \end{array}$$

139.
$$\begin{array}{r} 26 \\ + \ 16 \\ \hline \end{array}$$

140.
$$\begin{array}{r} 10 \\ + \ 26 \\ \hline \end{array}$$

141.
$$\begin{array}{r} 15 \\ + \ 29 \\ \hline \end{array}$$

142.
$$\begin{array}{r} 6 \\ + \ 9 \\ \hline \end{array}$$

143.
$$\begin{array}{r} 14 \\ + \ 2 \\ \hline \end{array}$$

144.
$$\begin{array}{r} 22 \\ + \ 19 \\ \hline \end{array}$$

145.
$$\begin{array}{r} 7 \\ + \ 24 \\ \hline \end{array}$$

146.
$$\begin{array}{r} 20 \\ + \ 25 \\ \hline \end{array}$$

147.
$$\begin{array}{r} 25 \\ + \ 19 \\ \hline \end{array}$$

148.
$$\begin{array}{r} 11 \\ + \ 19 \\ \hline \end{array}$$

149.
$$\begin{array}{r} 13 \\ + \ 14 \\ \hline \end{array}$$

150.
$$\begin{array}{r} 20 \\ + \ 15 \\ \hline \end{array}$$

151.
```
   21
+  20
─────
```

152.
```
   23
+   5
─────
```

153.
```
   12
+   5
─────
```

154.
```
   25
+  14
─────
```

155.
```
   14
+  28
─────
```

156.
```
   25
+  30
─────
```

157.
```
   10
+   3
─────
```

158.
```
   7
+  4
─────
```

159.
```
   6
+  25
─────
```

160.
```
   23
+  19
─────
```

161.
```
   20
+   6
─────
```

162.
```
   17
+  23
─────
```

163.
```
   27
+  22
─────
```

164.
```
   10
+  24
─────
```

165.
```
   11
+  29
─────
```

ADDITION

166.
$$\begin{array}{r} 10 \\ + 18 \\ \hline \end{array}$$

167.
$$\begin{array}{r} 20 \\ + 29 \\ \hline \end{array}$$

168.
$$\begin{array}{r} 30 \\ + 7 \\ \hline \end{array}$$

169.
$$\begin{array}{r} 17 \\ + 26 \\ \hline \end{array}$$

170.
$$\begin{array}{r} 25 \\ + 9 \\ \hline \end{array}$$

171.
$$\begin{array}{r} 14 \\ + 10 \\ \hline \end{array}$$

172.
$$\begin{array}{r} 14 \\ + 17 \\ \hline \end{array}$$

173.
$$\begin{array}{r} 16 \\ + 25 \\ \hline \end{array}$$

174.
$$\begin{array}{r} 6 \\ + 27 \\ \hline \end{array}$$

175.
$$\begin{array}{r} 15 \\ + 15 \\ \hline \end{array}$$

176.
$$\begin{array}{r} 10 \\ + 9 \\ \hline \end{array}$$

177.
$$\begin{array}{r} 11 \\ + 17 \\ \hline \end{array}$$

178.
$$\begin{array}{r} 21 \\ + 13 \\ \hline \end{array}$$

179.
$$\begin{array}{r} 18 \\ + 20 \\ \hline \end{array}$$

180.
$$\begin{array}{r} 24 \\ + 9 \\ \hline \end{array}$$

181.
```
   11
+  28
_____
```

182.
```
   23
+   7
_____
```

183.
```
   26
+  15
_____
```

184.
```
   11
+   3
_____
```

185.
```
    8
+  29
_____
```

186.
```
   23
+  17
_____
```

187.
```
    5
+  12
_____
```

188.
```
   29
+  13
_____
```

189.
```
   25
+  24
_____
```

190.
```
    8
+  20
_____
```

191.
```
   25
+  15
_____
```

192.
```
   15
+  12
_____
```

193.
```
   25
+  13
_____
```

194.
```
    7
+  14
_____
```

195.
```
    7
+   5
_____
```

196.
$$18$$
$$+\ 23$$
—————

197.
$$9$$
$$+\ 4$$
—————

198.
$$21$$
$$+\ \ 3$$
—————

199.
$$20$$
$$+\ 14$$
—————

200.
$$5$$
$$+\ 15$$
—————

201.
$$19$$
$$+\ 19$$
—————

202.
$$11$$
$$+\ 17$$
—————

203.
$$22$$
$$+\ 26$$
—————

204.
$$27$$
$$+\ 18$$
—————

205.
$$10$$
$$+\ \ 4$$
—————

206.
$$10$$
$$+\ 19$$
—————

207.
$$8$$
$$+\ 10$$
—————

208.
$$24$$
$$+\ 15$$
—————

209.
$$22$$
$$+\ 25$$
—————

210.
$$29$$
$$+\ 21$$
—————

211.
$$\begin{array}{r} 9 \\ +\ 11 \\ \hline \end{array}$$

212.
$$\begin{array}{r} 7 \\ +\ 19 \\ \hline \end{array}$$

213.
$$\begin{array}{r} 6 \\ +\ 9 \\ \hline \end{array}$$

214.
$$\begin{array}{r} 10 \\ +\ 26 \\ \hline \end{array}$$

215.
$$\begin{array}{r} 23 \\ +\ 23 \\ \hline \end{array}$$

216.
$$\begin{array}{r} 10 \\ +\ 21 \\ \hline \end{array}$$

217.
$$\begin{array}{r} 21 \\ +\ 11 \\ \hline \end{array}$$

218.
$$\begin{array}{r} 27 \\ +\ 24 \\ \hline \end{array}$$

219.
$$\begin{array}{r} 9 \\ +\ 9 \\ \hline \end{array}$$

220.
$$\begin{array}{r} 23 \\ +\ 8 \\ \hline \end{array}$$

221.
$$\begin{array}{r} 18 \\ +\ 8 \\ \hline \end{array}$$

222.
$$\begin{array}{r} 10 \\ +\ 30 \\ \hline \end{array}$$

223.
$$\begin{array}{r} 28 \\ +\ 27 \\ \hline \end{array}$$

224.
$$\begin{array}{r} 21 \\ +\ 27 \\ \hline \end{array}$$

225.
$$\begin{array}{r} 13 \\ +\ 7 \\ \hline \end{array}$$

ADDITION

226.
$$14$$
$$+\ 23$$

227.
$$17$$
$$+\ 11$$

228.
$$13$$
$$+\ \ 9$$

229.
$$17$$
$$+\ 19$$

230.
$$18$$
$$+\ 13$$

231.
$$22$$
$$+\ \ 3$$

232.
$$27$$
$$+\ 16$$

233.
$$29$$
$$+\ 23$$

234.
$$15$$
$$+\ 29$$

235.
$$13$$
$$+\ 14$$

236.
$$7$$
$$+\ 22$$

237.
$$8$$
$$+\ 28$$

238.
$$8$$
$$+\ 5$$

239.
$$23$$
$$+\ \ 6$$

240.
$$21$$
$$+\ 10$$

ADDITION

241.
$$\begin{array}{r} 19 \\ +\ 17 \\ \hline \end{array}$$

242.
$$\begin{array}{r} 14 \\ +\ 15 \\ \hline \end{array}$$

243.
$$\begin{array}{r} 10 \\ +\ 11 \\ \hline \end{array}$$

244.
$$\begin{array}{r} 6 \\ +\ 19 \\ \hline \end{array}$$

245.
$$\begin{array}{r} 13 \\ +\ 17 \\ \hline \end{array}$$

246.
$$\begin{array}{r} 23 \\ +\ 11 \\ \hline \end{array}$$

247.
$$\begin{array}{r} 19 \\ +\ 16 \\ \hline \end{array}$$

248.
$$\begin{array}{r} 15 \\ +\ 22 \\ \hline \end{array}$$

249.
$$\begin{array}{r} 8 \\ +\ 13 \\ \hline \end{array}$$

250.
$$\begin{array}{r} 28 \\ +\ 26 \\ \hline \end{array}$$

251.
$$\begin{array}{r} 17 \\ +\ 12 \\ \hline \end{array}$$

252.
$$\begin{array}{r} 27 \\ +\ 28 \\ \hline \end{array}$$

253.
$$\begin{array}{r} 21 \\ +\ 23 \\ \hline \end{array}$$

254.
$$\begin{array}{r} 10 \\ +\ 13 \\ \hline \end{array}$$

255.
$$\begin{array}{r} 9 \\ +\ 13 \\ \hline \end{array}$$

ADDITION

256.
$$\begin{array}{r} 28 \\ +\ 13 \\ \hline \end{array}$$

257.
$$\begin{array}{r} 17 \\ +\ 10 \\ \hline \end{array}$$

258.
$$\begin{array}{r} 12 \\ +\ 21 \\ \hline \end{array}$$

259.
$$\begin{array}{r} 24 \\ +\ 24 \\ \hline \end{array}$$

260.
$$\begin{array}{r} 22 \\ +\ 24 \\ \hline \end{array}$$

261.
$$\begin{array}{r} 10 \\ +\ 20 \\ \hline \end{array}$$

262.
$$\begin{array}{r} 30 \\ +\ 11 \\ \hline \end{array}$$

263.
$$\begin{array}{r} 10 \\ +\ 23 \\ \hline \end{array}$$

264.
$$\begin{array}{r} 25 \\ +\ 8 \\ \hline \end{array}$$

265.
$$\begin{array}{r} 22 \\ +\ 14 \\ \hline \end{array}$$

266.
$$\begin{array}{r} 25 \\ +\ 14 \\ \hline \end{array}$$

267.
$$\begin{array}{r} 16 \\ +\ 28 \\ \hline \end{array}$$

268.
$$\begin{array}{r} 20 \\ +\ 12 \\ \hline \end{array}$$

269.
$$\begin{array}{r} 19 \\ +\ 7 \\ \hline \end{array}$$

270.
$$\begin{array}{r} 6 \\ +\ 5 \\ \hline \end{array}$$

271.
38
+ 25

272.
16
+ 23

273.
19
+ 31

274.
22
+ 17

275.
14
+ 27

276.
20
+ 50

277.
43
+ 17

278.
41
+ 45

279.
35
+ 32

280.
28
+ 29

281.
42
+ 34

282.
34
+ 22

283.
13
+ 16

284.
39
+ 47

285.
29
+ 24

ADDITION

286.
$$50 + 25$$

287.
$$35 + 31$$

288.
$$32 + 24$$

289.
$$49 + 37$$

290.
$$13 + 30$$

291.
$$35 + 20$$

292.
$$11 + 29$$

293.
$$27 + 47$$

294.
$$14 + 20$$

295.
$$49 + 22$$

296.
$$17 + 26$$

297.
$$42 + 42$$

298.
$$14 + 14$$

299.
$$41 + 43$$

300.
$$21 + 13$$

ADDITION

301.
$$\begin{array}{r} 42 \\ +\ 25 \\ \hline \end{array}$$

302.
$$\begin{array}{r} 38 \\ +\ 40 \\ \hline \end{array}$$

303.
$$\begin{array}{r} 28 \\ +\ 45 \\ \hline \end{array}$$

304.
$$\begin{array}{r} 25 \\ +\ 23 \\ \hline \end{array}$$

305.
$$\begin{array}{r} 36 \\ +\ 27 \\ \hline \end{array}$$

306.
$$\begin{array}{r} 46 \\ +\ 48 \\ \hline \end{array}$$

307.
$$\begin{array}{r} 29 \\ +\ 48 \\ \hline \end{array}$$

308.
$$\begin{array}{r} 44 \\ +\ 32 \\ \hline \end{array}$$

309.
$$\begin{array}{r} 33 \\ +\ 15 \\ \hline \end{array}$$

310.
$$\begin{array}{r} 46 \\ +\ 16 \\ \hline \end{array}$$

311.
$$\begin{array}{r} 12 \\ +\ 30 \\ \hline \end{array}$$

312.
$$\begin{array}{r} 48 \\ +\ 17 \\ \hline \end{array}$$

313.
$$\begin{array}{r} 17 \\ +\ 34 \\ \hline \end{array}$$

314.
$$\begin{array}{r} 33 \\ +\ 43 \\ \hline \end{array}$$

315.
$$\begin{array}{r} 27 \\ +\ 27 \\ \hline \end{array}$$

316. 34
    + 16
    ....

317. 26
    + 49
    ....

318. 38
    + 20
    ....

319. 32
    + 20
    ....

320. 12
    + 32
    ....

321. 32
    + 41
    ....

322. 34
    + 33
    ....

323. 27
    + 19
    ....

324. 47
    + 44
    ....

325. 48
    + 32
    ....

326. 31
    + 36
    ....

327. 47
    + 15
    ....

328. 12
    + 22
    ....

329. 27
    + 31
    ....

330. 33
    + 44
    ....

ADDITION

331.
$$\begin{array}{r} 22 \\ + \ 32 \\ \hline \end{array}$$

332.
$$\begin{array}{r} 46 \\ + \ 19 \\ \hline \end{array}$$

333.
$$\begin{array}{r} 43 \\ + \ 40 \\ \hline \end{array}$$

334.
$$\begin{array}{r} 32 \\ + \ 30 \\ \hline \end{array}$$

335.
$$\begin{array}{r} 19 \\ + \ 34 \\ \hline \end{array}$$

336.
$$\begin{array}{r} 50 \\ + \ 23 \\ \hline \end{array}$$

337.
$$\begin{array}{r} 13 \\ + \ 24 \\ \hline \end{array}$$

338.
$$\begin{array}{r} 34 \\ + \ 20 \\ \hline \end{array}$$

339.
$$\begin{array}{r} 46 \\ + \ 25 \\ \hline \end{array}$$

340.
$$\begin{array}{r} 40 \\ + \ 49 \\ \hline \end{array}$$

341.
$$\begin{array}{r} 37 \\ + \ 39 \\ \hline \end{array}$$

342.
$$\begin{array}{r} 45 \\ + \ 45 \\ \hline \end{array}$$

343.
$$\begin{array}{r} 18 \\ + \ 21 \\ \hline \end{array}$$

344.
$$\begin{array}{r} 48 \\ + \ 27 \\ \hline \end{array}$$

345.
$$\begin{array}{r} 42 \\ + \ 11 \\ \hline \end{array}$$

346.
$$\begin{array}{r} 37 \\ + \ 18 \\ \hline \end{array}$$

347.
$$\begin{array}{r} 20 \\ + \ 10 \\ \hline \end{array}$$

348.
$$\begin{array}{r} 45 \\ + \ 25 \\ \hline \end{array}$$

349.
$$\begin{array}{r} 40 \\ + \ 37 \\ \hline \end{array}$$

350.
$$\begin{array}{r} 34 \\ + \ 24 \\ \hline \end{array}$$

351.
$$\begin{array}{r} 32 \\ + \ 18 \\ \hline \end{array}$$

352.
$$\begin{array}{r} 33 \\ + \ 33 \\ \hline \end{array}$$

353.
$$\begin{array}{r} 31 \\ + \ 41 \\ \hline \end{array}$$

354.
$$\begin{array}{r} 26 \\ + \ 12 \\ \hline \end{array}$$

355.
$$\begin{array}{r} 41 \\ + \ 35 \\ \hline \end{array}$$

356.
$$\begin{array}{r} 17 \\ + \ 32 \\ \hline \end{array}$$

357.
$$\begin{array}{r} 37 \\ + \ 11 \\ \hline \end{array}$$

358.
$$\begin{array}{r} 23 \\ + \ 45 \\ \hline \end{array}$$

359.
$$\begin{array}{r} 32 \\ + \ 21 \\ \hline \end{array}$$

360.
$$\begin{array}{r} 32 \\ + \ 43 \\ \hline \end{array}$$

361.
$$\begin{array}{r} 34 \\ + 13 \\ \hline \end{array}$$

362.
$$\begin{array}{r} 16 \\ + 11 \\ \hline \end{array}$$

363.
$$\begin{array}{r} 29 \\ + 45 \\ \hline \end{array}$$

364.
$$\begin{array}{r} 40 \\ + 39 \\ \hline \end{array}$$

365.
$$\begin{array}{r} 36 \\ + 37 \\ \hline \end{array}$$

366.
$$\begin{array}{r} 40 \\ + 15 \\ \hline \end{array}$$

367.
$$\begin{array}{r} 44 \\ + 40 \\ \hline \end{array}$$

368.
$$\begin{array}{r} 17 \\ + 14 \\ \hline \end{array}$$

369.
$$\begin{array}{r} 25 \\ + 11 \\ \hline \end{array}$$

370.
$$\begin{array}{r} 26 \\ + 41 \\ \hline \end{array}$$

371.
$$\begin{array}{r} 14 \\ + 44 \\ \hline \end{array}$$

372.
$$\begin{array}{r} 25 \\ + 31 \\ \hline \end{array}$$

373.
$$\begin{array}{r} 41 \\ + 17 \\ \hline \end{array}$$

374.
$$\begin{array}{r} 16 \\ + 44 \\ \hline \end{array}$$

375.
$$\begin{array}{r} 39 \\ + 36 \\ \hline \end{array}$$

376.
$$\begin{array}{r} 45 \\ + 25 \\ \hline \end{array}$$

377.
$$\begin{array}{r} 29 \\ + 17 \\ \hline \end{array}$$

378.
$$\begin{array}{r} 10 \\ + 15 \\ \hline \end{array}$$

379.
$$\begin{array}{r} 48 \\ + 29 \\ \hline \end{array}$$

380.
$$\begin{array}{r} 28 \\ + 14 \\ \hline \end{array}$$

381.
$$\begin{array}{r} 44 \\ + 22 \\ \hline \end{array}$$

382.
$$\begin{array}{r} 39 \\ + 42 \\ \hline \end{array}$$

383.
$$\begin{array}{r} 15 \\ + 15 \\ \hline \end{array}$$

384.
$$\begin{array}{r} 44 \\ + 32 \\ \hline \end{array}$$

385.
$$\begin{array}{r} 31 \\ + 26 \\ \hline \end{array}$$

386.
$$\begin{array}{r} 20 \\ + 47 \\ \hline \end{array}$$

387.
$$\begin{array}{r} 21 \\ + 40 \\ \hline \end{array}$$

388.
$$\begin{array}{r} 19 \\ + 22 \\ \hline \end{array}$$

389.
$$\begin{array}{r} 15 \\ + 35 \\ \hline \end{array}$$

390.
$$\begin{array}{r} 33 \\ + 42 \\ \hline \end{array}$$

391.
$$48 + 14$$

392.
$$20 + 29$$

393.
$$21 + 11$$

394.
$$14 + 20$$

395.
$$13 + 47$$

396.
$$24 + 49$$

397.
$$11 + 12$$

398.
$$41 + 49$$

399.
$$12 + 35$$

400.
$$21 + 33$$

401.
$$23 + 23$$

402.
$$26 + 47$$

403.
$$13 + 40$$

404.
$$28 + 24$$

405.
$$46 + 36$$

406.
$$24$$
$$+\ 43$$

407.
$$31$$
$$+\ 11$$

408.
$$24$$
$$+\ 36$$

409.
$$32$$
$$+\ 36$$

410.
$$44$$
$$+\ 43$$

411.
$$28$$
$$+\ 22$$

412.
$$34$$
$$+\ 22$$

413.
$$39$$
$$+\ 37$$

414.
$$44$$
$$+\ 20$$

415.
$$20$$
$$+\ 30$$

416.
$$23$$
$$+\ 50$$

417.
$$29$$
$$+\ 36$$

418.
$$38$$
$$+\ 22$$

419.
$$26$$
$$+\ 31$$

420.
$$33$$
$$+\ 40$$

ADDITION

421.
$$\begin{array}{r} 24 \\ + 27 \\ \hline \end{array}$$

422.
$$\begin{array}{r} 33 \\ + 31 \\ \hline \end{array}$$

423.
$$\begin{array}{r} 28 \\ + 49 \\ \hline \end{array}$$

424.
$$\begin{array}{r} 38 \\ + 16 \\ \hline \end{array}$$

425.
$$\begin{array}{r} 27 \\ + 27 \\ \hline \end{array}$$

426.
$$\begin{array}{r} 41 \\ + 28 \\ \hline \end{array}$$

427.
$$\begin{array}{r} 15 \\ + 11 \\ \hline \end{array}$$

428.
$$\begin{array}{r} 50 \\ + 13 \\ \hline \end{array}$$

429.
$$\begin{array}{r} 24 \\ + 41 \\ \hline \end{array}$$

430.
$$\begin{array}{r} 11 \\ + 41 \\ \hline \end{array}$$

431.
$$\begin{array}{r} 30 \\ + 36 \\ \hline \end{array}$$

432.
$$\begin{array}{r} 26 \\ + 44 \\ \hline \end{array}$$

433.
$$\begin{array}{r} 29 \\ + 31 \\ \hline \end{array}$$

434.
$$\begin{array}{r} 32 \\ + 38 \\ \hline \end{array}$$

435.
$$\begin{array}{r} 48 \\ + 20 \\ \hline \end{array}$$

ADDITION

436.
$$\begin{array}{r} 20 \\ + 23 \\ \hline \end{array}$$

437.
$$\begin{array}{r} 20 \\ + 39 \\ \hline \end{array}$$

438.
$$\begin{array}{r} 48 \\ + 46 \\ \hline \end{array}$$

439.
$$\begin{array}{r} 39 \\ + 13 \\ \hline \end{array}$$

440.
$$\begin{array}{r} 49 \\ + 38 \\ \hline \end{array}$$

441.
$$\begin{array}{r} 43 \\ + 44 \\ \hline \end{array}$$

442.
$$\begin{array}{r} 39 \\ + 45 \\ \hline \end{array}$$

443.
$$\begin{array}{r} 45 \\ + 29 \\ \hline \end{array}$$

444.
$$\begin{array}{r} 36 \\ + 34 \\ \hline \end{array}$$

445.
$$\begin{array}{r} 49 \\ + 34 \\ \hline \end{array}$$

446.
$$\begin{array}{r} 31 \\ + 42 \\ \hline \end{array}$$

447.
$$\begin{array}{r} 19 \\ + 38 \\ \hline \end{array}$$

448.
$$\begin{array}{r} 12 \\ + 39 \\ \hline \end{array}$$

449.
$$\begin{array}{r} 12 \\ + 47 \\ \hline \end{array}$$

450.
$$\begin{array}{r} 27 \\ + 50 \\ \hline \end{array}$$

ADDITION

451.
$$\begin{array}{r} 22 \\ + 16 \\ \hline \end{array}$$

452.
$$\begin{array}{r} 16 \\ + 41 \\ \hline \end{array}$$

453.
$$\begin{array}{r} 35 \\ + 39 \\ \hline \end{array}$$

454.
$$\begin{array}{r} 31 \\ + 13 \\ \hline \end{array}$$

455.
$$\begin{array}{r} 36 \\ + 26 \\ \hline \end{array}$$

456.
$$\begin{array}{r} 40 \\ + 21 \\ \hline \end{array}$$

457.
$$\begin{array}{r} 32 \\ + 14 \\ \hline \end{array}$$

458.
$$\begin{array}{r} 20 \\ + 45 \\ \hline \end{array}$$

459.
$$\begin{array}{r} 30 \\ + 46 \\ \hline \end{array}$$

460.
$$\begin{array}{r} 47 \\ + 37 \\ \hline \end{array}$$

461.
$$\begin{array}{r} 24 \\ + 49 \\ \hline \end{array}$$

462.
$$\begin{array}{r} 42 \\ + 35 \\ \hline \end{array}$$

463.
$$\begin{array}{r} 24 \\ + 38 \\ \hline \end{array}$$

464.
$$\begin{array}{r} 20 \\ + 48 \\ \hline \end{array}$$

465.
$$\begin{array}{r} 37 \\ + 16 \\ \hline \end{array}$$

466.
$$\begin{array}{r} 20 \\ + 17 \\ \hline \end{array}$$

467.
$$\begin{array}{r} 17 \\ + 21 \\ \hline \end{array}$$

468.
$$\begin{array}{r} 20 \\ + 23 \\ \hline \end{array}$$

469.
$$\begin{array}{r} 46 \\ + 33 \\ \hline \end{array}$$

470.
$$\begin{array}{r} 39 \\ + 38 \\ \hline \end{array}$$

471.
$$\begin{array}{r} 12 \\ + 34 \\ \hline \end{array}$$

472.
$$\begin{array}{r} 24 \\ + 36 \\ \hline \end{array}$$

473.
$$\begin{array}{r} 46 \\ + 30 \\ \hline \end{array}$$

474.
$$\begin{array}{r} 34 \\ + 30 \\ \hline \end{array}$$

475.
$$\begin{array}{r} 38 \\ + 36 \\ \hline \end{array}$$

476.
$$\begin{array}{r} 11 \\ + 25 \\ \hline \end{array}$$

477.
$$\begin{array}{r} 50 \\ + 40 \\ \hline \end{array}$$

478.
$$\begin{array}{r} 23 \\ + 23 \\ \hline \end{array}$$

479.
$$\begin{array}{r} 24 \\ + 32 \\ \hline \end{array}$$

480.
$$\begin{array}{r} 26 \\ + 46 \\ \hline \end{array}$$

ADDITION

481.
```
   28
 + 33
 ─────
```

482.
```
   26
 + 29
 ─────
```

483.
```
   16
 + 33
 ─────
```

484.
```
   15
 + 21
 ─────
```

485.
```
   45
 + 47
 ─────
```

486.
```
   49
 + 47
 ─────
```

487.
```
   17
 + 18
 ─────
```

488.
```
   35
 + 40
 ─────
```

489.
```
   35
 + 16
 ─────
```

490.
```
   38
 + 45
 ─────
```

491.
```
   14
 + 40
 ─────
```

492.
```
   20
 + 10
 ─────
```

493.
```
   15
 + 44
 ─────
```

494.
```
   18
 + 26
 ─────
```

495.
```
   49
 + 46
 ─────
```

496.
$$\begin{array}{r} 49 \\ + 24 \\ \hline \end{array}$$

497.
$$\begin{array}{r} 17 \\ + 43 \\ \hline \end{array}$$

498.
$$\begin{array}{r} 20 \\ + 29 \\ \hline \end{array}$$

499.
$$\begin{array}{r} 18 \\ + 44 \\ \hline \end{array}$$

500.
$$\begin{array}{r} 30 \\ + 23 \\ \hline \end{array}$$

501.
$$\begin{array}{r} 25 \\ + 23 \\ \hline \end{array}$$

502.
$$\begin{array}{r} 35 \\ + 41 \\ \hline \end{array}$$

503.
$$\begin{array}{r} 37 \\ + 14 \\ \hline \end{array}$$

504.
$$\begin{array}{r} 19 \\ + 41 \\ \hline \end{array}$$

505.
$$\begin{array}{r} 15 \\ + 33 \\ \hline \end{array}$$

506.
$$\begin{array}{r} 38 \\ + 18 \\ \hline \end{array}$$

507.
$$\begin{array}{r} 43 \\ + 32 \\ \hline \end{array}$$

508.
$$\begin{array}{r} 42 \\ + 39 \\ \hline \end{array}$$

509.
$$\begin{array}{r} 23 \\ + 25 \\ \hline \end{array}$$

510.
$$\begin{array}{r} 24 \\ + 22 \\ \hline \end{array}$$

ADDITION

511.
$$\begin{array}{r} 25 \\ +\ 39 \\ \hline \end{array}$$

512.
$$\begin{array}{r} 22 \\ +\ 48 \\ \hline \end{array}$$

513.
$$\begin{array}{r} 48 \\ +\ 35 \\ \hline \end{array}$$

514.
$$\begin{array}{r} 41 \\ +\ 24 \\ \hline \end{array}$$

515.
$$\begin{array}{r} 49 \\ +\ 17 \\ \hline \end{array}$$

516.
$$\begin{array}{r} 32 \\ +\ 41 \\ \hline \end{array}$$

517.
$$\begin{array}{r} 36 \\ +\ 25 \\ \hline \end{array}$$

518.
$$\begin{array}{r} 30 \\ +\ 41 \\ \hline \end{array}$$

519.
$$\begin{array}{r} 14 \\ +\ 29 \\ \hline \end{array}$$

520.
$$\begin{array}{r} 24 \\ +\ 11 \\ \hline \end{array}$$

521.
$$\begin{array}{r} 21 \\ +\ 26 \\ \hline \end{array}$$

522.
$$\begin{array}{r} 30 \\ +\ 35 \\ \hline \end{array}$$

523.
$$\begin{array}{r} 11 \\ +\ 31 \\ \hline \end{array}$$

524.
$$\begin{array}{r} 15 \\ +\ 43 \\ \hline \end{array}$$

525.
$$\begin{array}{r} 30 \\ +\ 18 \\ \hline \end{array}$$

526.
$$48 + 36$$

527.
$$11 + 37$$

528.
$$43 + 11$$

529.
$$23 + 45$$

530.
$$43 + 49$$

531.
$$10 + 47$$

532.
$$31 + 29$$

533.
$$12 + 11$$

534.
$$34 + 45$$

535.
$$12 + 23$$

536.
$$36 + 49$$

537.
$$28 + 46$$

538.
$$40 + 16$$

539.
$$15 + 16$$

540.
$$23 + 27$$

ADDITION

541.
$$\begin{array}{r} 40 \\ + 52 \\ \hline \end{array}$$

542.
$$\begin{array}{r} 58 \\ + 43 \\ \hline \end{array}$$

543.
$$\begin{array}{r} 39 \\ + 35 \\ \hline \end{array}$$

544.
$$\begin{array}{r} 35 \\ + 32 \\ \hline \end{array}$$

545.
$$\begin{array}{r} 42 \\ + 33 \\ \hline \end{array}$$

546.
$$\begin{array}{r} 52 \\ + 35 \\ \hline \end{array}$$

547.
$$\begin{array}{r} 36 \\ + 51 \\ \hline \end{array}$$

548.
$$\begin{array}{r} 59 \\ + 31 \\ \hline \end{array}$$

549.
$$\begin{array}{r} 42 \\ + 56 \\ \hline \end{array}$$

550.
$$\begin{array}{r} 49 \\ + 52 \\ \hline \end{array}$$

551.
$$\begin{array}{r} 54 \\ + 40 \\ \hline \end{array}$$

552.
$$\begin{array}{r} 32 \\ + 41 \\ \hline \end{array}$$

553.
$$\begin{array}{r} 38 \\ + 46 \\ \hline \end{array}$$

554.
$$\begin{array}{r} 36 \\ + 58 \\ \hline \end{array}$$

555.
$$\begin{array}{r} 58 \\ + 51 \\ \hline \end{array}$$

ADDITION

556.
$$\begin{array}{r} 46 \\ + 34 \\ \hline \end{array}$$

557.
$$\begin{array}{r} 55 \\ + 38 \\ \hline \end{array}$$

558.
$$\begin{array}{r} 46 \\ + 48 \\ \hline \end{array}$$

559.
$$\begin{array}{r} 33 \\ + 34 \\ \hline \end{array}$$

560.
$$\begin{array}{r} 44 \\ + 51 \\ \hline \end{array}$$

561.
$$\begin{array}{r} 39 \\ + 32 \\ \hline \end{array}$$

562.
$$\begin{array}{r} 34 \\ + 31 \\ \hline \end{array}$$

563.
$$\begin{array}{r} 44 \\ + 57 \\ \hline \end{array}$$

564.
$$\begin{array}{r} 51 \\ + 57 \\ \hline \end{array}$$

565.
$$\begin{array}{r} 59 \\ + 32 \\ \hline \end{array}$$

566.
$$\begin{array}{r} 40 \\ + 35 \\ \hline \end{array}$$

567.
$$\begin{array}{r} 57 \\ + 60 \\ \hline \end{array}$$

568.
$$\begin{array}{r} 50 \\ + 47 \\ \hline \end{array}$$

569.
$$\begin{array}{r} 35 \\ + 52 \\ \hline \end{array}$$

570.
$$\begin{array}{r} 59 \\ + 36 \\ \hline \end{array}$$

571.
$$\begin{array}{r} 35 \\ + 50 \\ \hline \end{array}$$

572.
$$\begin{array}{r} 47 \\ + 48 \\ \hline \end{array}$$

573.
$$\begin{array}{r} 40 \\ + 58 \\ \hline \end{array}$$

574.
$$\begin{array}{r} 36 \\ + 41 \\ \hline \end{array}$$

575.
$$\begin{array}{r} 59 \\ + 38 \\ \hline \end{array}$$

576.
$$\begin{array}{r} 42 \\ + 57 \\ \hline \end{array}$$

577.
$$\begin{array}{r} 44 \\ + 53 \\ \hline \end{array}$$

578.
$$\begin{array}{r} 37 \\ + 32 \\ \hline \end{array}$$

579.
$$\begin{array}{r} 57 \\ + 41 \\ \hline \end{array}$$

580.
$$\begin{array}{r} 35 \\ + 40 \\ \hline \end{array}$$

581.
$$\begin{array}{r} 37 \\ + 30 \\ \hline \end{array}$$

582.
$$\begin{array}{r} 53 \\ + 44 \\ \hline \end{array}$$

583.
$$\begin{array}{r} 54 \\ + 50 \\ \hline \end{array}$$

584.
$$\begin{array}{r} 41 \\ + 46 \\ \hline \end{array}$$

585.
$$\begin{array}{r} 58 \\ + 46 \\ \hline \end{array}$$

ADDITION

586.
$$59 + 51$$

587.
$$52 + 33$$

588.
$$57 + 43$$

589.
$$44 + 56$$

590.
$$47 + 43$$

591.
$$50 + 40$$

592.
$$50 + 43$$

593.
$$52 + 34$$

594.
$$53 + 48$$

595.
$$49 + 54$$

596.
$$48 + 50$$

597.
$$59 + 34$$

598.
$$58 + 33$$

599.
$$44 + 43$$

600.
$$39 + 51$$

ADDITION

586.
$$59$$
$$+ \ 51$$
___

587.
$$52$$
$$+ \ 33$$
___

588.
$$57$$
$$+ \ 43$$
___

589.
$$44$$
$$+ \ 56$$
___

590.
$$47$$
$$+ \ 43$$
___

591.
$$50$$
$$+ \ 40$$
___

592.
$$50$$
$$+ \ 43$$
___

593.
$$52$$
$$+ \ 34$$
___

594.
$$53$$
$$+ \ 48$$
___

595.
$$49$$
$$+ \ 54$$
___

596.
$$48$$
$$+ \ 50$$
___

597.
$$59$$
$$+ \ 34$$
___

598.
$$58$$
$$+ \ 33$$
___

599.
$$44$$
$$+ \ 43$$
___

600.
$$39$$
$$+ \ 51$$
___

616.
56
+ 46

617.
42
+ 59

618.
38
+ 41

619.
39
+ 60

620.
30
+ 48

621.
59
+ 56

622.
60
+ 32

623.
32
+ 56

624.
40
+ 43

625.
52
+ 41

626.
57
+ 34

627.
46
+ 33

628.
47
+ 33

629.
38
+ 32

630.
38
+ 37

631.
$$\begin{array}{r} 33 \\ + 39 \\ \hline \end{array}$$

632.
$$\begin{array}{r} 46 \\ + 53 \\ \hline \end{array}$$

633.
$$\begin{array}{r} 33 \\ + 38 \\ \hline \end{array}$$

634.
$$\begin{array}{r} 35 \\ + 37 \\ \hline \end{array}$$

635.
$$\begin{array}{r} 34 \\ + 50 \\ \hline \end{array}$$

636.
$$\begin{array}{r} 32 \\ + 55 \\ \hline \end{array}$$

637.
$$\begin{array}{r} 41 \\ + 48 \\ \hline \end{array}$$

638.
$$\begin{array}{r} 44 \\ + 54 \\ \hline \end{array}$$

639.
$$\begin{array}{r} 59 \\ + 42 \\ \hline \end{array}$$

640.
$$\begin{array}{r} 54 \\ + 47 \\ \hline \end{array}$$

641.
$$\begin{array}{r} 56 \\ + 57 \\ \hline \end{array}$$

642.
$$\begin{array}{r} 60 \\ + 45 \\ \hline \end{array}$$

643.
$$\begin{array}{r} 56 \\ + 48 \\ \hline \end{array}$$

644.
$$\begin{array}{r} 59 \\ + 41 \\ \hline \end{array}$$

645.
$$\begin{array}{r} 35 \\ + 48 \\ \hline \end{array}$$

ADDITION

646.
$$\begin{array}{r} 44 \\ + 58 \\ \hline \end{array}$$

647.
$$\begin{array}{r} 37 \\ + 38 \\ \hline \end{array}$$

648.
$$\begin{array}{r} 37 \\ + 49 \\ \hline \end{array}$$

649.
$$\begin{array}{r} 58 \\ + 56 \\ \hline \end{array}$$

650.
$$\begin{array}{r} 53 \\ + 48 \\ \hline \end{array}$$

651.
$$\begin{array}{r} 60 \\ + 56 \\ \hline \end{array}$$

652.
$$\begin{array}{r} 35 \\ + 43 \\ \hline \end{array}$$

653.
$$\begin{array}{r} 37 \\ + 35 \\ \hline \end{array}$$

654.
$$\begin{array}{r} 36 \\ + 35 \\ \hline \end{array}$$

655.
$$\begin{array}{r} 57 \\ + 51 \\ \hline \end{array}$$

656.
$$\begin{array}{r} 47 \\ + 35 \\ \hline \end{array}$$

657.
$$\begin{array}{r} 56 \\ + 35 \\ \hline \end{array}$$

658.
$$\begin{array}{r} 39 \\ + 31 \\ \hline \end{array}$$

659.
$$\begin{array}{r} 57 \\ + 45 \\ \hline \end{array}$$

660.
$$\begin{array}{r} 39 \\ + 53 \\ \hline \end{array}$$

661.
$$32 + 47$$

662.
$$37 + 34$$

663.
$$48 + 34$$

664.
$$53 + 56$$

665.
$$48 + 41$$

666.
$$43 + 58$$

667.
$$54 + 39$$

668.
$$58 + 34$$

669.
$$40 + 43$$

670.
$$41 + 54$$

671.
$$35 + 59$$

672.
$$51 + 53$$

673.
$$41 + 32$$

674.
$$42 + 50$$

675.
$$39 + 35$$

ADDITION

676.
$$
\begin{array}{r}
52 \\
+ \ 43 \\
\hline
\end{array}
$$

677.
$$
\begin{array}{r}
47 \\
+ \ 59 \\
\hline
\end{array}
$$

678.
$$
\begin{array}{r}
45 \\
+ \ 43 \\
\hline
\end{array}
$$

679.
$$
\begin{array}{r}
49 \\
+ \ 31 \\
\hline
\end{array}
$$

680.
$$
\begin{array}{r}
55 \\
+ \ 34 \\
\hline
\end{array}
$$

681.
$$
\begin{array}{r}
42 \\
+ \ 40 \\
\hline
\end{array}
$$

682.
$$
\begin{array}{r}
48 \\
+ \ 46 \\
\hline
\end{array}
$$

683.
$$
\begin{array}{r}
38 \\
+ \ 35 \\
\hline
\end{array}
$$

684.
$$
\begin{array}{r}
51 \\
+ \ 43 \\
\hline
\end{array}
$$

685.
$$
\begin{array}{r}
34 \\
+ \ 45 \\
\hline
\end{array}
$$

686.
$$
\begin{array}{r}
49 \\
+ \ 33 \\
\hline
\end{array}
$$

687.
$$
\begin{array}{r}
56 \\
+ \ 43 \\
\hline
\end{array}
$$

688.
$$
\begin{array}{r}
52 \\
+ \ 46 \\
\hline
\end{array}
$$

689.
$$
\begin{array}{r}
52 \\
+ \ 32 \\
\hline
\end{array}
$$

690.
$$
\begin{array}{r}
48 \\
+ \ 42 \\
\hline
\end{array}
$$

691.
$$\begin{array}{r} 49 \\ + 30 \\ \hline \end{array}$$

692.
$$\begin{array}{r} 41 \\ + 55 \\ \hline \end{array}$$

693.
$$\begin{array}{r} 53 \\ + 45 \\ \hline \end{array}$$

694.
$$\begin{array}{r} 44 \\ + 39 \\ \hline \end{array}$$

695.
$$\begin{array}{r} 48 \\ + 37 \\ \hline \end{array}$$

696.
$$\begin{array}{r} 42 \\ + 55 \\ \hline \end{array}$$

697.
$$\begin{array}{r} 42 \\ + 35 \\ \hline \end{array}$$

698.
$$\begin{array}{r} 46 \\ + 52 \\ \hline \end{array}$$

699.
$$\begin{array}{r} 51 \\ + 54 \\ \hline \end{array}$$

700.
$$\begin{array}{r} 43 \\ + 34 \\ \hline \end{array}$$

701.
$$\begin{array}{r} 44 \\ + 38 \\ \hline \end{array}$$

702.
$$\begin{array}{r} 39 \\ + 32 \\ \hline \end{array}$$

703.
$$\begin{array}{r} 41 \\ + 43 \\ \hline \end{array}$$

704.
$$\begin{array}{r} 47 \\ + 36 \\ \hline \end{array}$$

705.
$$\begin{array}{r} 39 \\ + 40 \\ \hline \end{array}$$

706.
$$\begin{array}{r} 52 \\ +\ 36 \\ \hline \end{array}$$

707.
$$\begin{array}{r} 57 \\ +\ 37 \\ \hline \end{array}$$

708.
$$\begin{array}{r} 38 \\ +\ 47 \\ \hline \end{array}$$

709.
$$\begin{array}{r} 55 \\ +\ 53 \\ \hline \end{array}$$

710.
$$\begin{array}{r} 33 \\ +\ 54 \\ \hline \end{array}$$

711.
$$\begin{array}{r} 51 \\ +\ 51 \\ \hline \end{array}$$

712.
$$\begin{array}{r} 57 \\ +\ 30 \\ \hline \end{array}$$

713.
$$\begin{array}{r} 55 \\ +\ 58 \\ \hline \end{array}$$

714.
$$\begin{array}{r} 49 \\ +\ 44 \\ \hline \end{array}$$

715.
$$\begin{array}{r} 58 \\ +\ 40 \\ \hline \end{array}$$

716.
$$\begin{array}{r} 51 \\ +\ 39 \\ \hline \end{array}$$

717.
$$\begin{array}{r} 44 \\ +\ 40 \\ \hline \end{array}$$

718.
$$\begin{array}{r} 58 \\ +\ 38 \\ \hline \end{array}$$

719.
$$\begin{array}{r} 30 \\ +\ 38 \\ \hline \end{array}$$

720.
$$\begin{array}{r} 55 \\ +\ 32 \\ \hline \end{array}$$

ADDITION

721.
$$57 + 42$$

722.
$$31 + 43$$

723.
$$52 + 39$$

724.
$$59 + 58$$

725.
$$56 + 50$$

726.
$$45 + 49$$

727.
$$30 + 45$$

728.
$$55 + 55$$

729.
$$50 + 34$$

730.
$$48 + 57$$

731.
$$31 + 51$$

732.
$$37 + 58$$

733.
$$50 + 47$$

734.
$$55 + 52$$

735.
$$35 + 32$$

ADDITION

736.
$$\begin{array}{r} 47 \\ + 39 \\ \hline \end{array}$$

737.
$$\begin{array}{r} 31 \\ + 48 \\ \hline \end{array}$$

738.
$$\begin{array}{r} 41 \\ + 37 \\ \hline \end{array}$$

739.
$$\begin{array}{r} 35 \\ + 42 \\ \hline \end{array}$$

740.
$$\begin{array}{r} 59 \\ + 33 \\ \hline \end{array}$$

741.
$$\begin{array}{r} 53 \\ + 56 \\ \hline \end{array}$$

742.
$$\begin{array}{r} 53 \\ + 31 \\ \hline \end{array}$$

743.
$$\begin{array}{r} 42 \\ + 58 \\ \hline \end{array}$$

744.
$$\begin{array}{r} 54 \\ + 40 \\ \hline \end{array}$$

745.
$$\begin{array}{r} 36 \\ + 54 \\ \hline \end{array}$$

746.
$$\begin{array}{r} 53 \\ + 60 \\ \hline \end{array}$$

747.
$$\begin{array}{r} 41 \\ + 42 \\ \hline \end{array}$$

748.
$$\begin{array}{r} 31 \\ + 35 \\ \hline \end{array}$$

749.
$$\begin{array}{r} 35 \\ + 33 \\ \hline \end{array}$$

750.
$$\begin{array}{r} 53 \\ + 35 \\ \hline \end{array}$$

ADDITION

751.
$$\begin{array}{r} 44 \\ + 37 \\ \hline \end{array}$$

752.
$$\begin{array}{r} 53 \\ + 55 \\ \hline \end{array}$$

753.
$$\begin{array}{r} 32 \\ + 36 \\ \hline \end{array}$$

754.
$$\begin{array}{r} 48 \\ + 42 \\ \hline \end{array}$$

755.
$$\begin{array}{r} 34 \\ + 47 \\ \hline \end{array}$$

756.
$$\begin{array}{r} 51 \\ + 38 \\ \hline \end{array}$$

757.
$$\begin{array}{r} 35 \\ + 45 \\ \hline \end{array}$$

758.
$$\begin{array}{r} 34 \\ + 35 \\ \hline \end{array}$$

759.
$$\begin{array}{r} 58 \\ + 36 \\ \hline \end{array}$$

760.
$$\begin{array}{r} 46 \\ + 52 \\ \hline \end{array}$$

761.
$$\begin{array}{r} 54 \\ + 45 \\ \hline \end{array}$$

762.
$$\begin{array}{r} 45 \\ + 42 \\ \hline \end{array}$$

763.
$$\begin{array}{r} 38 \\ + 48 \\ \hline \end{array}$$

764.
$$\begin{array}{r} 58 \\ + 49 \\ \hline \end{array}$$

765.
$$\begin{array}{r} 47 \\ + 36 \\ \hline \end{array}$$

766.
$$\begin{array}{r} 32 \\ + 31 \\ \hline \end{array}$$

767.
$$\begin{array}{r} 49 \\ + 55 \\ \hline \end{array}$$

768.
$$\begin{array}{r} 49 \\ + 45 \\ \hline \end{array}$$

769.
$$\begin{array}{r} 33 \\ + 59 \\ \hline \end{array}$$

770.
$$\begin{array}{r} 39 \\ + 41 \\ \hline \end{array}$$

771.
$$\begin{array}{r} 37 \\ + 49 \\ \hline \end{array}$$

772.
$$\begin{array}{r} 33 \\ + 45 \\ \hline \end{array}$$

773.
$$\begin{array}{r} 55 \\ + 56 \\ \hline \end{array}$$

774.
$$\begin{array}{r} 38 \\ + 56 \\ \hline \end{array}$$

775.
$$\begin{array}{r} 37 \\ + 59 \\ \hline \end{array}$$

776.
$$\begin{array}{r} 48 \\ + 32 \\ \hline \end{array}$$

777.
$$\begin{array}{r} 41 \\ + 59 \\ \hline \end{array}$$

778.
$$\begin{array}{r} 52 \\ + 41 \\ \hline \end{array}$$

779.
$$\begin{array}{r} 46 \\ + 44 \\ \hline \end{array}$$

780.
$$\begin{array}{r} 38 \\ + 59 \\ \hline \end{array}$$

781.
$$55 + 58$$

782.
$$49 + 40$$

783.
$$56 + 49$$

784.
$$32 + 60$$

785.
$$38 + 39$$

786.
$$43 + 43$$

787.
$$39 + 53$$

788.
$$53 + 33$$

789.
$$41 + 51$$

790.
$$44 + 47$$

791.
$$44 + 50$$

792.
$$53 + 52$$

793.
$$42 + 44$$

794.
$$59 + 40$$

795.
$$46 + 39$$

796.
$$\begin{array}{r} 34 \\ + 43 \\ \hline \end{array}$$

797.
$$\begin{array}{r} 56 \\ + 45 \\ \hline \end{array}$$

798.
$$\begin{array}{r} 30 \\ + 49 \\ \hline \end{array}$$

799.
$$\begin{array}{r} 54 \\ + 38 \\ \hline \end{array}$$

800.
$$\begin{array}{r} 50 \\ + 38 \\ \hline \end{array}$$

801.
$$\begin{array}{r} 49 \\ + 59 \\ \hline \end{array}$$

802.
$$\begin{array}{r} 51 \\ + 56 \\ \hline \end{array}$$

803.
$$\begin{array}{r} 32 \\ + 53 \\ \hline \end{array}$$

804.
$$\begin{array}{r} 51 \\ + 35 \\ \hline \end{array}$$

805.
$$\begin{array}{r} 48 \\ + 34 \\ \hline \end{array}$$

806.
$$\begin{array}{r} 59 \\ + 42 \\ \hline \end{array}$$

807.
$$\begin{array}{r} 56 \\ + 36 \\ \hline \end{array}$$

808.
$$\begin{array}{r} 56 \\ + 40 \\ \hline \end{array}$$

809.
$$\begin{array}{r} 48 \\ + 55 \\ \hline \end{array}$$

810.
$$\begin{array}{r} 41 \\ + 32 \\ \hline \end{array}$$

811.
$$17$$
$$- \ 7$$

812.
$$16$$
$$- \ 13$$

813.
$$12$$
$$- \ 7$$

814.
$$19$$
$$- \ 4$$

815.
$$16$$
$$- \ 2$$

816.
$$16$$
$$- \ 6$$

817.
$$15$$
$$- \ 7$$

818.
$$11$$
$$- \ 7$$

819.
$$9$$
$$- \ 2$$

820.
$$20$$
$$- \ 19$$

821.
$$15$$
$$- \ 12$$

822.
$$13$$
$$- \ 9$$

823.
$$19$$
$$- \ 10$$

824.
$$14$$
$$- \ 2$$

825.
$$13$$
$$- \ 11$$

826.
$$\begin{array}{r} 18 \\ - 14 \\ \hline \end{array}$$

827.
$$\begin{array}{r} 18 \\ - 15 \\ \hline \end{array}$$

828.
$$\begin{array}{r} 15 \\ - 1 \\ \hline \end{array}$$

829.
$$\begin{array}{r} 7 \\ - 6 \\ \hline \end{array}$$

830.
$$\begin{array}{r} 17 \\ - 6 \\ \hline \end{array}$$

831.
$$\begin{array}{r} 6 \\ - 4 \\ \hline \end{array}$$

832.
$$\begin{array}{r} 8 \\ - 2 \\ \hline \end{array}$$

833.
$$\begin{array}{r} 10 \\ - 7 \\ \hline \end{array}$$

834.
$$\begin{array}{r} 7 \\ - 5 \\ \hline \end{array}$$

835.
$$\begin{array}{r} 14 \\ - 14 \\ \hline \end{array}$$

836.
$$\begin{array}{r} 17 \\ - 12 \\ \hline \end{array}$$

837.
$$\begin{array}{r} 16 \\ - 3 \\ \hline \end{array}$$

838.
$$\begin{array}{r} 4 \\ - 2 \\ \hline \end{array}$$

839.
$$\begin{array}{r} 17 \\ - 4 \\ \hline \end{array}$$

840.
$$\begin{array}{r} 13 \\ - 7 \\ \hline \end{array}$$

841.
$$\begin{array}{r} 15 \\ -\ 10 \\ \hline \end{array}$$

842.
$$\begin{array}{r} 6 \\ -\ 3 \\ \hline \end{array}$$

843.
$$\begin{array}{r} 18 \\ -\ 6 \\ \hline \end{array}$$

844.
$$\begin{array}{r} 15 \\ -\ 5 \\ \hline \end{array}$$

845.
$$\begin{array}{r} 11 \\ -\ 3 \\ \hline \end{array}$$

846.
$$\begin{array}{r} 12 \\ -\ 4 \\ \hline \end{array}$$

847.
$$\begin{array}{r} 16 \\ -\ 10 \\ \hline \end{array}$$

848.
$$\begin{array}{r} 19 \\ -\ 17 \\ \hline \end{array}$$

849.
$$\begin{array}{r} 18 \\ -\ 11 \\ \hline \end{array}$$

850.
$$\begin{array}{r} 19 \\ -\ 7 \\ \hline \end{array}$$

851.
$$\begin{array}{r} 20 \\ -\ 12 \\ \hline \end{array}$$

852.
$$\begin{array}{r} 18 \\ -\ 17 \\ \hline \end{array}$$

853.
$$\begin{array}{r} 18 \\ -\ 7 \\ \hline \end{array}$$

854.
$$\begin{array}{r} 12 \\ -\ 1 \\ \hline \end{array}$$

855.
$$\begin{array}{r} 8 \\ -\ 4 \\ \hline \end{array}$$

856.
$$16 - 16$$

857.
$$4 - 1$$

858.
$$15 - 15$$

859.
$$12 - 9$$

860.
$$9 - 7$$

861.
$$19 - 11$$

862.
$$20 - 6$$

863.
$$20 - 15$$

864.
$$10 - 6$$

865.
$$13 - 2$$

866.
$$18 - 10$$

867.
$$19 - 13$$

868.
$$20 - 10$$

869.
$$9 - 6$$

870.
$$11 - 1$$

871.
$$\begin{array}{r} 19 \\ -\ 6 \\ \hline \end{array}$$

872.
$$\begin{array}{r} 15 \\ -\ 9 \\ \hline \end{array}$$

873.
$$\begin{array}{r} 20 \\ -\ 3 \\ \hline \end{array}$$

874.
$$\begin{array}{r} 19 \\ -\ 19 \\ \hline \end{array}$$

875.
$$\begin{array}{r} 20 \\ -\ 11 \\ \hline \end{array}$$

876.
$$\begin{array}{r} 16 \\ -\ 11 \\ \hline \end{array}$$

877.
$$\begin{array}{r} 12 \\ -\ 5 \\ \hline \end{array}$$

878.
$$\begin{array}{r} 19 \\ -\ 5 \\ \hline \end{array}$$

879.
$$\begin{array}{r} 8 \\ -\ 5 \\ \hline \end{array}$$

880.
$$\begin{array}{r} 13 \\ -\ 10 \\ \hline \end{array}$$

881.
$$\begin{array}{r} 11 \\ -\ 4 \\ \hline \end{array}$$

882.
$$\begin{array}{r} 15 \\ -\ 13 \\ \hline \end{array}$$

883.
$$\begin{array}{r} 10 \\ -\ 5 \\ \hline \end{array}$$

884.
$$\begin{array}{r} 2 \\ -\ 2 \\ \hline \end{array}$$

885.
$$\begin{array}{r} 14 \\ -\ 12 \\ \hline \end{array}$$

886.
$$17$$
$$-\ 10$$

887.
$$14$$
$$-\ 11$$

888.
$$5$$
$$-\ 3$$

889.
$$14$$
$$-\ 3$$

890.
$$9$$
$$-\ 5$$

891.
$$10$$
$$-\ 1$$

892.
$$17$$
$$-\ 2$$

893.
$$11$$
$$-\ 2$$

894.
$$18$$
$$-\ 5$$

895.
$$11$$
$$-\ 9$$

896.
$$20$$
$$-\ 14$$

897.
$$12$$
$$-\ 2$$

898.
$$20$$
$$-\ 18$$

899.
$$18$$
$$-\ 1$$

900.
$$19$$
$$-\ 1$$

SUBTRACTION

901.
$$\begin{array}{r} 34 \\ -\ 28 \\ \hline \end{array}$$

902.
$$\begin{array}{r} 49 \\ -\ 45 \\ \hline \end{array}$$

903.
$$\begin{array}{r} 40 \\ -\ 29 \\ \hline \end{array}$$

904.
$$\begin{array}{r} 44 \\ -\ 43 \\ \hline \end{array}$$

905.
$$\begin{array}{r} 47 \\ -\ 46 \\ \hline \end{array}$$

906.
$$\begin{array}{r} 49 \\ -\ 29 \\ \hline \end{array}$$

907.
$$\begin{array}{r} 47 \\ -\ 35 \\ \hline \end{array}$$

908.
$$\begin{array}{r} 45 \\ -\ 27 \\ \hline \end{array}$$

909.
$$\begin{array}{r} 34 \\ -\ 31 \\ \hline \end{array}$$

910.
$$\begin{array}{r} 47 \\ -\ 44 \\ \hline \end{array}$$

911.
$$\begin{array}{r} 36 \\ -\ 24 \\ \hline \end{array}$$

912.
$$\begin{array}{r} 27 \\ -\ 22 \\ \hline \end{array}$$

913.
$$\begin{array}{r} 43 \\ -\ 34 \\ \hline \end{array}$$

914.
$$\begin{array}{r} 49 \\ -\ 32 \\ \hline \end{array}$$

915.
$$\begin{array}{r} 33 \\ -\ 30 \\ \hline \end{array}$$

916.
$$\begin{array}{r} 49 \\ -\ 38 \\ \hline \end{array}$$

917.
$$\begin{array}{r} 50 \\ -\ 33 \\ \hline \end{array}$$

918.
$$\begin{array}{r} 45 \\ -\ 34 \\ \hline \end{array}$$

919.
$$\begin{array}{r} 46 \\ -\ 30 \\ \hline \end{array}$$

920.
$$\begin{array}{r} 33 \\ -\ 25 \\ \hline \end{array}$$

921.
$$\begin{array}{r} 48 \\ -\ 32 \\ \hline \end{array}$$

922.
$$\begin{array}{r} 38 \\ -\ 22 \\ \hline \end{array}$$

923.
$$\begin{array}{r} 42 \\ -\ 33 \\ \hline \end{array}$$

924.
$$\begin{array}{r} 32 \\ -\ 26 \\ \hline \end{array}$$

925.
$$\begin{array}{r} 37 \\ -\ 28 \\ \hline \end{array}$$

926.
$$\begin{array}{r} 37 \\ -\ 30 \\ \hline \end{array}$$

927.
$$\begin{array}{r} 47 \\ -\ 40 \\ \hline \end{array}$$

928.
$$\begin{array}{r} 21 \\ -\ 21 \\ \hline \end{array}$$

929.
$$\begin{array}{r} 40 \\ -\ 27 \\ \hline \end{array}$$

930.
$$\begin{array}{r} 28 \\ -\ 23 \\ \hline \end{array}$$

931.
$$\begin{array}{r} 48 \\ -\ 37 \\ \hline \end{array}$$

932.
$$\begin{array}{r} 49 \\ -\ 27 \\ \hline \end{array}$$

933.
$$\begin{array}{r} 46 \\ -\ 44 \\ \hline \end{array}$$

934.
$$\begin{array}{r} 38 \\ -\ 20 \\ \hline \end{array}$$

935.
$$\begin{array}{r} 42 \\ -\ 36 \\ \hline \end{array}$$

936.
$$\begin{array}{r} 38 \\ -\ 25 \\ \hline \end{array}$$

937.
$$\begin{array}{r} 33 \\ -\ 26 \\ \hline \end{array}$$

938.
$$\begin{array}{r} 49 \\ -\ 31 \\ \hline \end{array}$$

939.
$$\begin{array}{r} 31 \\ -\ 31 \\ \hline \end{array}$$

940.
$$\begin{array}{r} 35 \\ -\ 26 \\ \hline \end{array}$$

941.
$$\begin{array}{r} 45 \\ -\ 24 \\ \hline \end{array}$$

942.
$$\begin{array}{r} 32 \\ -\ 23 \\ \hline \end{array}$$

943.
$$\begin{array}{r} 41 \\ -\ 40 \\ \hline \end{array}$$

944.
$$\begin{array}{r} 47 \\ -\ 28 \\ \hline \end{array}$$

945.
$$\begin{array}{r} 38 \\ -\ 29 \\ \hline \end{array}$$

SUBTRACTION

946.
$$\begin{array}{r} 35 \\ -\ 30 \\ \hline \end{array}$$

947.
$$\begin{array}{r} 36 \\ -\ 26 \\ \hline \end{array}$$

948.
$$\begin{array}{r} 44 \\ -\ 31 \\ \hline \end{array}$$

949.
$$\begin{array}{r} 50 \\ -\ 26 \\ \hline \end{array}$$

950.
$$\begin{array}{r} 49 \\ -\ 48 \\ \hline \end{array}$$

951.
$$\begin{array}{r} 45 \\ -\ 30 \\ \hline \end{array}$$

952.
$$\begin{array}{r} 38 \\ -\ 37 \\ \hline \end{array}$$

953.
$$\begin{array}{r} 36 \\ -\ 23 \\ \hline \end{array}$$

954.
$$\begin{array}{r} 49 \\ -\ 25 \\ \hline \end{array}$$

955.
$$\begin{array}{r} 47 \\ -\ 20 \\ \hline \end{array}$$

956.
$$\begin{array}{r} 45 \\ -\ 29 \\ \hline \end{array}$$

957.
$$\begin{array}{r} 48 \\ -\ 42 \\ \hline \end{array}$$

958.
$$\begin{array}{r} 48 \\ -\ 21 \\ \hline \end{array}$$

959.
$$\begin{array}{r} 43 \\ -\ 39 \\ \hline \end{array}$$

960.
$$\begin{array}{r} 49 \\ -\ 43 \\ \hline \end{array}$$

961.
26
- 22

962.
50
- 49

963.
27
- 26

964.
44
- 36

965.
49
- 22

966.
50
- 42

967.
46
- 46

968.
25
- 25

969.
39
- 37

970.
35
- 27

971.
43
- 32

972.
44
- 24

973.
42
- 28

974.
42
- 38

975.
39
- 39

976.
$$\begin{array}{r} 45 \\ -\ 32 \\ \hline \end{array}$$

977.
$$\begin{array}{r} 37 \\ -\ 27 \\ \hline \end{array}$$

978.
$$\begin{array}{r} 40 \\ -\ 31 \\ \hline \end{array}$$

979.
$$\begin{array}{r} 30 \\ -\ 28 \\ \hline \end{array}$$

980.
$$\begin{array}{r} 31 \\ -\ 22 \\ \hline \end{array}$$

981.
$$\begin{array}{r} 47 \\ -\ 31 \\ \hline \end{array}$$

982.
$$\begin{array}{r} 34 \\ -\ 30 \\ \hline \end{array}$$

983.
$$\begin{array}{r} 38 \\ -\ 26 \\ \hline \end{array}$$

984.
$$\begin{array}{r} 44 \\ -\ 42 \\ \hline \end{array}$$

985.
$$\begin{array}{r} 24 \\ -\ 21 \\ \hline \end{array}$$

986.
$$\begin{array}{r} 30 \\ -\ 26 \\ \hline \end{array}$$

987.
$$\begin{array}{r} 32 \\ -\ 24 \\ \hline \end{array}$$

988.
$$\begin{array}{r} 42 \\ -\ 25 \\ \hline \end{array}$$

989.
$$\begin{array}{r} 31 \\ -\ 28 \\ \hline \end{array}$$

990.
$$\begin{array}{r} 40 \\ -\ 26 \\ \hline \end{array}$$

991.
$$\begin{array}{r} 69 \\ -\ 25 \\ \hline \end{array}$$

992.
$$\begin{array}{r} 73 \\ -\ 50 \\ \hline \end{array}$$

993.
$$\begin{array}{r} 68 \\ -\ 38 \\ \hline \end{array}$$

994.
$$\begin{array}{r} 65 \\ -\ 36 \\ \hline \end{array}$$

995.
$$\begin{array}{r} 49 \\ -\ 12 \\ \hline \end{array}$$

996.
$$\begin{array}{r} 67 \\ -\ 33 \\ \hline \end{array}$$

997.
$$\begin{array}{r} 58 \\ -\ 29 \\ \hline \end{array}$$

998.
$$\begin{array}{r} 55 \\ -\ 49 \\ \hline \end{array}$$

999.
$$\begin{array}{r} 75 \\ -\ 27 \\ \hline \end{array}$$

1000.
$$\begin{array}{r} 70 \\ -\ 36 \\ \hline \end{array}$$

1001.
$$\begin{array}{r} 45 \\ -\ 22 \\ \hline \end{array}$$

1002.
$$\begin{array}{r} 53 \\ -\ 39 \\ \hline \end{array}$$

1003.
$$\begin{array}{r} 42 \\ -\ 35 \\ \hline \end{array}$$

1004.
$$\begin{array}{r} 46 \\ -\ 16 \\ \hline \end{array}$$

1005.
$$\begin{array}{r} 73 \\ -\ 16 \\ \hline \end{array}$$

1006.
$$\begin{array}{r} 46 \\ -\ 17 \\ \hline \end{array}$$

1007.
$$\begin{array}{r} 49 \\ -\ 39 \\ \hline \end{array}$$

1008.
$$\begin{array}{r} 49 \\ -\ 22 \\ \hline \end{array}$$

1009.
$$\begin{array}{r} 68 \\ -\ 15 \\ \hline \end{array}$$

1010.
$$\begin{array}{r} 79 \\ -\ 12 \\ \hline \end{array}$$

1011.
$$\begin{array}{r} 66 \\ -\ 33 \\ \hline \end{array}$$

1012.
$$\begin{array}{r} 51 \\ -\ 34 \\ \hline \end{array}$$

1013.
$$\begin{array}{r} 61 \\ -\ 32 \\ \hline \end{array}$$

1014.
$$\begin{array}{r} 78 \\ -\ 47 \\ \hline \end{array}$$

1015.
$$\begin{array}{r} 69 \\ -\ 21 \\ \hline \end{array}$$

1016.
$$\begin{array}{r} 72 \\ -\ 21 \\ \hline \end{array}$$

1017.
$$\begin{array}{r} 42 \\ -\ 27 \\ \hline \end{array}$$

1018.
$$\begin{array}{r} 42 \\ -\ 14 \\ \hline \end{array}$$

1019.
$$\begin{array}{r} 78 \\ -\ 13 \\ \hline \end{array}$$

1020.
$$\begin{array}{r} 62 \\ -\ 29 \\ \hline \end{array}$$

1021.
$$\begin{array}{r} 73 \\ -\ 13 \\ \hline \end{array}$$

1022.
$$\begin{array}{r} 76 \\ -\ 29 \\ \hline \end{array}$$

1023.
$$\begin{array}{r} 54 \\ -\ 40 \\ \hline \end{array}$$

1024.
$$\begin{array}{r} 51 \\ -\ 41 \\ \hline \end{array}$$

1025.
$$\begin{array}{r} 58 \\ -\ 39 \\ \hline \end{array}$$

1026.
$$\begin{array}{r} 80 \\ -\ 33 \\ \hline \end{array}$$

1027.
$$\begin{array}{r} 41 \\ -\ 39 \\ \hline \end{array}$$

1028.
$$\begin{array}{r} 67 \\ -\ 17 \\ \hline \end{array}$$

1029.
$$\begin{array}{r} 44 \\ -\ 34 \\ \hline \end{array}$$

1030.
$$\begin{array}{r} 48 \\ -\ 46 \\ \hline \end{array}$$

1031.
$$\begin{array}{r} 57 \\ -\ 45 \\ \hline \end{array}$$

1032.
$$\begin{array}{r} 56 \\ -\ 48 \\ \hline \end{array}$$

1033.
$$\begin{array}{r} 67 \\ -\ 42 \\ \hline \end{array}$$

1034.
$$\begin{array}{r} 50 \\ -\ 34 \\ \hline \end{array}$$

1035.
$$\begin{array}{r} 47 \\ -\ 46 \\ \hline \end{array}$$

1036.
$$\begin{array}{r} 60 \\ - 17 \\ \hline \end{array}$$

1037.
$$\begin{array}{r} 70 \\ - 17 \\ \hline \end{array}$$

1038.
$$\begin{array}{r} 61 \\ - 41 \\ \hline \end{array}$$

1039.
$$\begin{array}{r} 53 \\ - 45 \\ \hline \end{array}$$

1040.
$$\begin{array}{r} 66 \\ - 48 \\ \hline \end{array}$$

1041.
$$\begin{array}{r} 52 \\ - 29 \\ \hline \end{array}$$

1042.
$$\begin{array}{r} 56 \\ - 23 \\ \hline \end{array}$$

1043.
$$\begin{array}{r} 57 \\ - 41 \\ \hline \end{array}$$

1044.
$$\begin{array}{r} 79 \\ - 48 \\ \hline \end{array}$$

1045.
$$\begin{array}{r} 51 \\ - 47 \\ \hline \end{array}$$

1046.
$$\begin{array}{r} 66 \\ - 12 \\ \hline \end{array}$$

1047.
$$\begin{array}{r} 44 \\ - 26 \\ \hline \end{array}$$

1048.
$$\begin{array}{r} 72 \\ - 36 \\ \hline \end{array}$$

1049.
$$\begin{array}{r} 64 \\ - 32 \\ \hline \end{array}$$

1050.
$$\begin{array}{r} 49 \\ - 43 \\ \hline \end{array}$$

1051.
```
   73
 - 44
 -----
```

1052.
```
   41
 - 14
 -----
```

1053.
```
   65
 - 22
 -----
```

1054.
```
   52
 - 23
 -----
```

1055.
```
   50
 - 30
 -----
```

1056.
```
   42
 - 22
 -----
```

1057.
```
   66
 - 18
 -----
```

1058.
```
   56
 - 47
 -----
```

1059.
```
   48
 - 25
 -----
```

1060.
```
   76
 - 31
 -----
```

1061.
```
   76
 - 44
 -----
```

1062.
```
   62
 - 36
 -----
```

1063.
```
   59
 - 15
 -----
```

1064.
```
   69
 - 45
 -----
```

1065.
```
   54
 - 21
 -----
```

1066.
```
   74
 - 29
```

1067.
```
   46
 - 37
```

1068.
```
   67
 - 48
```

1069.
```
   66
 - 16
```

1070.
```
   79
 - 41
```

1071.
```
   70
 - 44
```

1072.
```
   59
 - 19
```

1073.
```
   66
 - 38
```

1074.
```
   76
 - 49
```

1075.
```
   52
 - 25
```

1076.
```
   65
 - 31
```

1077.
```
   63
 - 26
```

1078.
```
   50
 - 21
```

1079.
```
   46
 - 41
```

1080.
```
   58
 - 17
```

1081.
$$\begin{array}{r} 63 \\ - 23 \\ \hline \end{array}$$

1082.
$$\begin{array}{r} 47 \\ - 46 \\ \hline \end{array}$$

1083.
$$\begin{array}{r} 77 \\ - 48 \\ \hline \end{array}$$

1084.
$$\begin{array}{r} 77 \\ - 10 \\ \hline \end{array}$$

1085.
$$\begin{array}{r} 78 \\ - 19 \\ \hline \end{array}$$

1086.
$$\begin{array}{r} 61 \\ - 27 \\ \hline \end{array}$$

1087.
$$\begin{array}{r} 45 \\ - 41 \\ \hline \end{array}$$

1088.
$$\begin{array}{r} 76 \\ - 34 \\ \hline \end{array}$$

1089.
$$\begin{array}{r} 48 \\ - 26 \\ \hline \end{array}$$

1090.
$$\begin{array}{r} 56 \\ - 22 \\ \hline \end{array}$$

1091.
$$\begin{array}{r} 75 \\ - 13 \\ \hline \end{array}$$

1092.
$$\begin{array}{r} 42 \\ - 29 \\ \hline \end{array}$$

1093.
$$\begin{array}{r} 60 \\ - 40 \\ \hline \end{array}$$

1094.
$$\begin{array}{r} 78 \\ - 16 \\ \hline \end{array}$$

1095.
$$\begin{array}{r} 77 \\ - 47 \\ \hline \end{array}$$

1096.	72	1097.	47	1098.	48
	- 47		- 16		- 43

1099.	64	1100.	42	1101.	61
	- 41		- 14		- 26

1102.	79	1103.	51	1104.	52
	- 49		- 30		- 13

1105.	71	1106.	74	1107.	59
	- 15		- 20		- 14

1108.	74	1109.	54	1110.	44
	- 34		- 17		- 10

SUBTRACTION

1111.
$$\begin{array}{r} 57 \\ -\ 34 \\ \hline \end{array}$$

1112.
$$\begin{array}{r} 50 \\ -\ 49 \\ \hline \end{array}$$

1113.
$$\begin{array}{r} 63 \\ -\ 13 \\ \hline \end{array}$$

1114.
$$\begin{array}{r} 41 \\ -\ 27 \\ \hline \end{array}$$

1115.
$$\begin{array}{r} 54 \\ -\ 23 \\ \hline \end{array}$$

1116.
$$\begin{array}{r} 48 \\ -\ 47 \\ \hline \end{array}$$

1117.
$$\begin{array}{r} 61 \\ -\ 36 \\ \hline \end{array}$$

1118.
$$\begin{array}{r} 60 \\ -\ 31 \\ \hline \end{array}$$

1119.
$$\begin{array}{r} 59 \\ -\ 28 \\ \hline \end{array}$$

1120.
$$\begin{array}{r} 74 \\ -\ 44 \\ \hline \end{array}$$

1121.
$$\begin{array}{r} 46 \\ -\ 37 \\ \hline \end{array}$$

1122.
$$\begin{array}{r} 67 \\ -\ 14 \\ \hline \end{array}$$

1123.
$$\begin{array}{r} 79 \\ -\ 10 \\ \hline \end{array}$$

1124.
$$\begin{array}{r} 57 \\ -\ 45 \\ \hline \end{array}$$

1125.
$$\begin{array}{r} 43 \\ -\ 24 \\ \hline \end{array}$$

1126.
$$74 - 31$$

1127.
$$79 - 25$$

1128.
$$69 - 22$$

1129.
$$77 - 19$$

1130.
$$71 - 32$$

1131.
$$43 - 32$$

1132.
$$63 - 18$$

1133.
$$44 - 43$$

1134.
$$68 - 32$$

1135.
$$77 - 20$$

1136.
$$74 - 40$$

1137.
$$62 - 23$$

1138.
$$52 - 29$$

1139.
$$45 - 10$$

1140.
$$40 - 29$$

1141.
$$\begin{array}{r} 49 \\ -\ 44 \\ \hline \end{array}$$

1142.
$$\begin{array}{r} 43 \\ -\ 10 \\ \hline \end{array}$$

1143.
$$\begin{array}{r} 66 \\ -\ 15 \\ \hline \end{array}$$

1144.
$$\begin{array}{r} 72 \\ -\ 17 \\ \hline \end{array}$$

1145.
$$\begin{array}{r} 61 \\ -\ 35 \\ \hline \end{array}$$

1146.
$$\begin{array}{r} 71 \\ -\ 42 \\ \hline \end{array}$$

1147.
$$\begin{array}{r} 76 \\ -\ 31 \\ \hline \end{array}$$

1148.
$$\begin{array}{r} 74 \\ -\ 16 \\ \hline \end{array}$$

1149.
$$\begin{array}{r} 61 \\ -\ 40 \\ \hline \end{array}$$

1150.
$$\begin{array}{r} 47 \\ -\ 31 \\ \hline \end{array}$$

1151.
$$\begin{array}{r} 56 \\ -\ 34 \\ \hline \end{array}$$

1152.
$$\begin{array}{r} 67 \\ -\ 20 \\ \hline \end{array}$$

1153.
$$\begin{array}{r} 73 \\ -\ 26 \\ \hline \end{array}$$

1154.
$$\begin{array}{r} 40 \\ -\ 28 \\ \hline \end{array}$$

1155.
$$\begin{array}{r} 44 \\ -\ 12 \\ \hline \end{array}$$

1156.
```
   54
-  22
_____
```

1157.
```
   52
-  19
_____
```

1158.
```
   58
-  33
_____
```

1159.
```
   62
-  50
_____
```

1160.
```
   41
-  31
_____
```

1161.
```
   41
-  23
_____
```

1162.
```
   59
-  12
_____
```

1163.
```
   73
-  11
_____
```

1164.
```
   60
-  16
_____
```

1165.
```
   78
-  25
_____
```

1166.
```
   44
-  26
_____
```

1167.
```
   52
-  38
_____
```

1168.
```
   58
-  29
_____
```

1169.
```
   53
-  27
_____
```

1170.
```
   51
-  26
_____
```

1186.	1187.	1188.
99 - 46	71 - 44	62 - 54

1189.	1190.	1191.
76 - 47	95 - 56	80 - 47

1192.	1193.	1194.
84 - 46	64 - 56	79 - 52

1195.	1196.	1197.
69 - 53	86 - 57	52 - 42

1198.	1199.	1200.
65 - 51	53 - 42	74 - 58

1201.
$$\begin{array}{r} 70 \\ -\ 45 \\ \hline \end{array}$$

1202.
$$\begin{array}{r} 59 \\ -\ 40 \\ \hline \end{array}$$

1203.
$$\begin{array}{r} 88 \\ -\ 47 \\ \hline \end{array}$$

1204.
$$\begin{array}{r} 55 \\ -\ 52 \\ \hline \end{array}$$

1205.
$$\begin{array}{r} 53 \\ -\ 46 \\ \hline \end{array}$$

1206.
$$\begin{array}{r} 94 \\ -\ 44 \\ \hline \end{array}$$

1207.
$$\begin{array}{r} 82 \\ -\ 44 \\ \hline \end{array}$$

1208.
$$\begin{array}{r} 67 \\ -\ 59 \\ \hline \end{array}$$

1209.
$$\begin{array}{r} 80 \\ -\ 49 \\ \hline \end{array}$$

1210.
$$\begin{array}{r} 64 \\ -\ 46 \\ \hline \end{array}$$

1211.
$$\begin{array}{r} 79 \\ -\ 51 \\ \hline \end{array}$$

1212.
$$\begin{array}{r} 59 \\ -\ 43 \\ \hline \end{array}$$

1213.
$$\begin{array}{r} 70 \\ -\ 59 \\ \hline \end{array}$$

1214.
$$\begin{array}{r} 63 \\ -\ 56 \\ \hline \end{array}$$

1215.
$$\begin{array}{r} 66 \\ -\ 54 \\ \hline \end{array}$$

SUBTRACTION

1216.
$$98 - 49$$

1217.
$$56 - 43$$

1218.
$$61 - 59$$

1219.
$$85 - 60$$

1220.
$$77 - 42$$

1221.
$$79 - 57$$

1222.
$$99 - 57$$

1223.
$$96 - 45$$

1224.
$$96 - 57$$

1225.
$$88 - 50$$

1226.
$$65 - 59$$

1227.
$$72 - 44$$

1228.
$$60 - 42$$

1229.
$$51 - 46$$

1230.
$$78 - 44$$

1231.	1232.	1233.
62	95	99
- 55	- 50	- 48

1234.	1235.	1236.
63	95	87
- 52	- 44	- 55

1237.	1238.	1239.
79	52	71
- 47	- 48	- 40

1240.	1241.	1242.
72	85	89
- 45	- 40	- 55

1243.	1244.	1245.
90	65	80
- 49	- 56	- 44

1246.	1247.	1248.
69 − 48	94 − 48	63 − 54

1249.	1250.	1251.
56 − 54	81 − 56	88 − 42

1252.	1253.	1254.
53 − 52	63 − 55	65 − 53

1255.	1256.	1257.
91 − 60	80 − 50	57 − 49

1258.	1259.	1260.
72 − 56	88 − 41	87 − 53

1261.
$$\begin{array}{r} 85 \\ -\ 42 \\ \hline \end{array}$$

1262.
$$\begin{array}{r} 68 \\ -\ 60 \\ \hline \end{array}$$

1263.
$$\begin{array}{r} 78 \\ -\ 56 \\ \hline \end{array}$$

1264.
$$\begin{array}{r} 61 \\ -\ 59 \\ \hline \end{array}$$

1265.
$$\begin{array}{r} 89 \\ -\ 46 \\ \hline \end{array}$$

1266.
$$\begin{array}{r} 67 \\ -\ 55 \\ \hline \end{array}$$

1267.
$$\begin{array}{r} 79 \\ -\ 41 \\ \hline \end{array}$$

1268.
$$\begin{array}{r} 92 \\ -\ 41 \\ \hline \end{array}$$

1269.
$$\begin{array}{r} 61 \\ -\ 47 \\ \hline \end{array}$$

1270.
$$\begin{array}{r} 75 \\ -\ 45 \\ \hline \end{array}$$

1271.
$$\begin{array}{r} 83 \\ -\ 41 \\ \hline \end{array}$$

1272.
$$\begin{array}{r} 79 \\ -\ 57 \\ \hline \end{array}$$

1273.
$$\begin{array}{r} 88 \\ -\ 58 \\ \hline \end{array}$$

1274.
$$\begin{array}{r} 88 \\ -\ 46 \\ \hline \end{array}$$

1275.
$$\begin{array}{r} 79 \\ -\ 44 \\ \hline \end{array}$$

SUBTRACTION

1276.
$$\begin{array}{r} 82 \\ -\ 45 \\ \hline \end{array}$$

1277.
$$\begin{array}{r} 71 \\ -\ 58 \\ \hline \end{array}$$

1278.
$$\begin{array}{r} 55 \\ -\ 48 \\ \hline \end{array}$$

1279.
$$\begin{array}{r} 79 \\ -\ 45 \\ \hline \end{array}$$

1280.
$$\begin{array}{r} 91 \\ -\ 45 \\ \hline \end{array}$$

1281.
$$\begin{array}{r} 73 \\ -\ 53 \\ \hline \end{array}$$

1282.
$$\begin{array}{r} 78 \\ -\ 41 \\ \hline \end{array}$$

1283.
$$\begin{array}{r} 92 \\ -\ 44 \\ \hline \end{array}$$

1284.
$$\begin{array}{r} 91 \\ -\ 55 \\ \hline \end{array}$$

1285.
$$\begin{array}{r} 78 \\ -\ 50 \\ \hline \end{array}$$

1286.
$$\begin{array}{r} 81 \\ -\ 53 \\ \hline \end{array}$$

1287.
$$\begin{array}{r} 77 \\ -\ 50 \\ \hline \end{array}$$

1288.
$$\begin{array}{r} 61 \\ -\ 53 \\ \hline \end{array}$$

1289.
$$\begin{array}{r} 68 \\ -\ 52 \\ \hline \end{array}$$

1290.
$$\begin{array}{r} 83 \\ -\ 42 \\ \hline \end{array}$$

1291.
$$\begin{array}{r} 67 \\ - 53 \\ \hline \end{array}$$

1292.
$$\begin{array}{r} 96 \\ - 49 \\ \hline \end{array}$$

1293.
$$\begin{array}{r} 74 \\ - 59 \\ \hline \end{array}$$

1294.
$$\begin{array}{r} 77 \\ - 45 \\ \hline \end{array}$$

1295.
$$\begin{array}{r} 88 \\ - 41 \\ \hline \end{array}$$

1296.
$$\begin{array}{r} 75 \\ - 50 \\ \hline \end{array}$$

1297.
$$\begin{array}{r} 85 \\ - 57 \\ \hline \end{array}$$

1298.
$$\begin{array}{r} 53 \\ - 52 \\ \hline \end{array}$$

1299.
$$\begin{array}{r} 63 \\ - 60 \\ \hline \end{array}$$

1300.
$$\begin{array}{r} 69 \\ - 57 \\ \hline \end{array}$$

1301.
$$\begin{array}{r} 84 \\ - 59 \\ \hline \end{array}$$

1302.
$$\begin{array}{r} 65 \\ - 49 \\ \hline \end{array}$$

1303.
$$\begin{array}{r} 93 \\ - 41 \\ \hline \end{array}$$

1304.
$$\begin{array}{r} 52 \\ - 43 \\ \hline \end{array}$$

1305.
$$\begin{array}{r} 62 \\ - 50 \\ \hline \end{array}$$

1306.
$$\begin{array}{r} 64 \\ - 59 \\ \hline \end{array}$$

1307.
$$\begin{array}{r} 70 \\ - 41 \\ \hline \end{array}$$

1308.
$$\begin{array}{r} 80 \\ - 44 \\ \hline \end{array}$$

1309.
$$\begin{array}{r} 63 \\ - 52 \\ \hline \end{array}$$

1310.
$$\begin{array}{r} 62 \\ - 47 \\ \hline \end{array}$$

1311.
$$\begin{array}{r} 86 \\ - 52 \\ \hline \end{array}$$

1312.
$$\begin{array}{r} 58 \\ - 41 \\ \hline \end{array}$$

1313.
$$\begin{array}{r} 91 \\ - 48 \\ \hline \end{array}$$

1314.
$$\begin{array}{r} 80 \\ - 49 \\ \hline \end{array}$$

1315.
$$\begin{array}{r} 84 \\ - 48 \\ \hline \end{array}$$

1316.
$$\begin{array}{r} 61 \\ - 56 \\ \hline \end{array}$$

1317.
$$\begin{array}{r} 71 \\ - 48 \\ \hline \end{array}$$

1318.
$$\begin{array}{r} 68 \\ - 50 \\ \hline \end{array}$$

1319.
$$\begin{array}{r} 78 \\ - 48 \\ \hline \end{array}$$

1320.
$$\begin{array}{r} 97 \\ - 47 \\ \hline \end{array}$$

1321.
```
   99
-  45
_____
```

1322.
```
   87
-  51
_____
```

1323.
```
   55
-  53
_____
```

1324.
```
   62
-  57
_____
```

1325.
```
   66
-  54
_____
```

1326.
```
   94
-  50
_____
```

1327.
```
   82
-  47
_____
```

1328.
```
   61
-  54
_____
```

1329.
```
   65
-  57
_____
```

1330.
```
   62
-  53
_____
```

1331.
```
   92
-  58
_____
```

1332.
```
   88
-  52
_____
```

1333.
```
   82
-  44
_____
```

1334.
```
   92
-  56
_____
```

1335.
```
   96
-  57
_____
```

1336.
68
- 49
....

1337.
93
- 52
....

1338.
97
- 44
....

1339.
58
- 54
....

1340.
56
- 40
....

1341.
75
- 54
....

1342.
58
- 53
....

1343.
59
- 55
....

1344.
59
- 46
....

1345.
90
- 43
....

1346.
71
- 57
....

1347.
89
- 50
....

1348.
50
- 41
....

1349.
52
- 51
....

1350.
83
- 43
....

SUBTRACTION

1351.
$$56$$
$$-\ 48$$

1352.
$$87$$
$$-\ 59$$

1353.
$$99$$
$$-\ 48$$

1354.
$$76$$
$$-\ 56$$

1355.
$$96$$
$$-\ 44$$

1356.
$$61$$
$$-\ 53$$

1357.
$$54$$
$$-\ 45$$

1358.
$$65$$
$$-\ 55$$

1359.
$$53$$
$$-\ 44$$

1360.
$$62$$
$$-\ 47$$

1361.
$$71$$
$$-\ 50$$

1362.
$$68$$
$$-\ 58$$

1363.
$$72$$
$$-\ 44$$

1364.
$$96$$
$$-\ 47$$

1365.
$$74$$
$$-\ 42$$

SUBTRACTION

1366.
$$\begin{array}{r} 61 \\ -\ 46 \\ \hline \end{array}$$

1367.
$$\begin{array}{r} 65 \\ -\ 47 \\ \hline \end{array}$$

1368.
$$\begin{array}{r} 67 \\ -\ 43 \\ \hline \end{array}$$

1369.
$$\begin{array}{r} 69 \\ -\ 49 \\ \hline \end{array}$$

1370.
$$\begin{array}{r} 87 \\ -\ 55 \\ \hline \end{array}$$

1371.
$$\begin{array}{r} 65 \\ -\ 57 \\ \hline \end{array}$$

1372.
$$\begin{array}{r} 52 \\ -\ 50 \\ \hline \end{array}$$

1373.
$$\begin{array}{r} 93 \\ -\ 40 \\ \hline \end{array}$$

1374.
$$\begin{array}{r} 61 \\ -\ 49 \\ \hline \end{array}$$

1375.
$$\begin{array}{r} 84 \\ -\ 58 \\ \hline \end{array}$$

1376.
$$\begin{array}{r} 65 \\ -\ 40 \\ \hline \end{array}$$

1377.
$$\begin{array}{r} 62 \\ -\ 49 \\ \hline \end{array}$$

1378.
$$\begin{array}{r} 97 \\ -\ 52 \\ \hline \end{array}$$

1379.
$$\begin{array}{r} 75 \\ -\ 56 \\ \hline \end{array}$$

1380.
$$\begin{array}{r} 73 \\ -\ 43 \\ \hline \end{array}$$

1381.
$$\begin{array}{r} 66 \\ -\ 56 \\ \hline \end{array}$$

1382.
$$\begin{array}{r} 99 \\ -\ 58 \\ \hline \end{array}$$

1383.
$$\begin{array}{r} 67 \\ -\ 55 \\ \hline \end{array}$$

1384.
$$\begin{array}{r} 95 \\ -\ 43 \\ \hline \end{array}$$

1385.
$$\begin{array}{r} 68 \\ -\ 52 \\ \hline \end{array}$$

1386.
$$\begin{array}{r} 72 \\ -\ 50 \\ \hline \end{array}$$

1387.
$$\begin{array}{r} 53 \\ -\ 51 \\ \hline \end{array}$$

1388.
$$\begin{array}{r} 73 \\ -\ 58 \\ \hline \end{array}$$

1389.
$$\begin{array}{r} 52 \\ -\ 49 \\ \hline \end{array}$$

1390.
$$\begin{array}{r} 98 \\ -\ 49 \\ \hline \end{array}$$

1391.
$$\begin{array}{r} 84 \\ -\ 51 \\ \hline \end{array}$$

1392.
$$\begin{array}{r} 90 \\ -\ 44 \\ \hline \end{array}$$

1393.
$$\begin{array}{r} 70 \\ -\ 55 \\ \hline \end{array}$$

1394.
$$\begin{array}{r} 57 \\ -\ 51 \\ \hline \end{array}$$

1395.
$$\begin{array}{r} 98 \\ -\ 59 \\ \hline \end{array}$$

SUBTRACTION

1396.
$$\begin{array}{r} 63 \\ -43 \\ \hline \end{array}$$

1397.
$$\begin{array}{r} 77 \\ -45 \\ \hline \end{array}$$

1398.
$$\begin{array}{r} 75 \\ -59 \\ \hline \end{array}$$

1399.
$$\begin{array}{r} 84 \\ -50 \\ \hline \end{array}$$

1400.
$$\begin{array}{r} 78 \\ -51 \\ \hline \end{array}$$

1401.
$$\begin{array}{r} 77 \\ -55 \\ \hline \end{array}$$

1402.
$$\begin{array}{r} 79 \\ -55 \\ \hline \end{array}$$

1403.
$$\begin{array}{r} 69 \\ -48 \\ \hline \end{array}$$

1404.
$$\begin{array}{r} 57 \\ -43 \\ \hline \end{array}$$

1405.
$$\begin{array}{r} 90 \\ -41 \\ \hline \end{array}$$

1406.
$$\begin{array}{r} 92 \\ -40 \\ \hline \end{array}$$

1407.
$$\begin{array}{r} 73 \\ -55 \\ \hline \end{array}$$

1408.
$$\begin{array}{r} 91 \\ -49 \\ \hline \end{array}$$

1409.
$$\begin{array}{r} 100 \\ -57 \\ \hline \end{array}$$

1410.
$$\begin{array}{r} 81 \\ -50 \\ \hline \end{array}$$

1411.
```
   62
-  58
_____
```

1412.
```
   51
-  45
_____
```

1413.
```
   69
-  41
_____
```

1414.
```
   88
-  50
_____
```

1415.
```
   96
-  43
_____
```

1416.
```
   51
-  41
_____
```

1417.
```
   81
-  47
_____
```

1418.
```
   74
-  40
_____
```

1419.
```
   81
-  60
_____
```

1420.
```
   86
-  58
_____
```

1421.
```
   55
-  45
_____
```

1422.
```
   84
-  55
_____
```

1423.
```
   60
-  54
_____
```

1424.
```
   57
-  44
_____
```

1425.
```
   57
-  48
_____
```

1426.
$$\begin{array}{r} 78 \\ - 54 \\ \hline \end{array}$$

1427.
$$\begin{array}{r} 56 \\ - 42 \\ \hline \end{array}$$

1428.
$$\begin{array}{r} 74 \\ - 49 \\ \hline \end{array}$$

1429.
$$\begin{array}{r} 69 \\ - 58 \\ \hline \end{array}$$

1430.
$$\begin{array}{r} 88 \\ - 55 \\ \hline \end{array}$$

1431.
$$\begin{array}{r} 66 \\ - 47 \\ \hline \end{array}$$

1432.
$$\begin{array}{r} 54 \\ - 47 \\ \hline \end{array}$$

1433.
$$\begin{array}{r} 58 \\ - 49 \\ \hline \end{array}$$

1434.
$$\begin{array}{r} 99 \\ - 47 \\ \hline \end{array}$$

1435.
$$\begin{array}{r} 77 \\ - 60 \\ \hline \end{array}$$

1436.
$$\begin{array}{r} 55 \\ - 54 \\ \hline \end{array}$$

1437.
$$\begin{array}{r} 70 \\ - 60 \\ \hline \end{array}$$

1438.
$$\begin{array}{r} 61 \\ - 45 \\ \hline \end{array}$$

1439.
$$\begin{array}{r} 96 \\ - 51 \\ \hline \end{array}$$

1440.
$$\begin{array}{r} 67 \\ - 50 \\ \hline \end{array}$$

1441.
$$\begin{array}{r} 95 \\ - 44 \\ \hline \end{array}$$

1442.
$$\begin{array}{r} 63 \\ - 53 \\ \hline \end{array}$$

1443.
$$\begin{array}{r} 76 \\ - 44 \\ \hline \end{array}$$

1444.
$$\begin{array}{r} 59 \\ - 42 \\ \hline \end{array}$$

1445.
$$\begin{array}{r} 72 \\ - 52 \\ \hline \end{array}$$

1446.
$$\begin{array}{r} 61 \\ - 45 \\ \hline \end{array}$$

1447.
$$\begin{array}{r} 64 \\ - 56 \\ \hline \end{array}$$

1448.
$$\begin{array}{r} 86 \\ - 48 \\ \hline \end{array}$$

1449.
$$\begin{array}{r} 79 \\ - 55 \\ \hline \end{array}$$

1450.
$$\begin{array}{r} 57 \\ - 52 \\ \hline \end{array}$$

1451.
$$\begin{array}{r} 70 \\ - 45 \\ \hline \end{array}$$

1452.
$$\begin{array}{r} 84 \\ - 58 \\ \hline \end{array}$$

1453.
$$\begin{array}{r} 93 \\ - 56 \\ \hline \end{array}$$

1454.
$$\begin{array}{r} 57 \\ - 57 \\ \hline \end{array}$$

1455.
$$\begin{array}{r} 54 \\ - 44 \\ \hline \end{array}$$

1456.
$$\begin{array}{r} 77 \\ -\ 59 \\ \hline \end{array}$$

1457.
$$\begin{array}{r} 58 \\ -\ 49 \\ \hline \end{array}$$

1458.
$$\begin{array}{r} 56 \\ -\ 46 \\ \hline \end{array}$$

1459.
$$\begin{array}{r} 79 \\ -\ 56 \\ \hline \end{array}$$

1460.
$$\begin{array}{r} 69 \\ -\ 46 \\ \hline \end{array}$$

1461.
$$\begin{array}{r} 51 \\ -\ 46 \\ \hline \end{array}$$

1462.
$$\begin{array}{r} 75 \\ -\ 50 \\ \hline \end{array}$$

1463.
$$\begin{array}{r} 59 \\ -\ 40 \\ \hline \end{array}$$

1464.
$$\begin{array}{r} 75 \\ -\ 56 \\ \hline \end{array}$$

1465.
$$\begin{array}{r} 82 \\ -\ 44 \\ \hline \end{array}$$

1466.
$$\begin{array}{r} 74 \\ -\ 47 \\ \hline \end{array}$$

1467.
$$\begin{array}{r} 96 \\ -\ 53 \\ \hline \end{array}$$

1468.
$$\begin{array}{r} 77 \\ -\ 47 \\ \hline \end{array}$$

1469.
$$\begin{array}{r} 88 \\ -\ 55 \\ \hline \end{array}$$

1470.
$$\begin{array}{r} 52 \\ -\ 47 \\ \hline \end{array}$$

1471.
  52
- 51

1472.
  77
- 41

1473.
  85
- 47

1474.
  81
- 45

1475.
  64
- 46

1476.
  59
- 47

1477.
  61
- 42

1478.
  62
- 48

1479.
  69
- 47

1480.
  81
- 43

1481.
  67
- 46

1482.
  62
- 57

1483.
  85
- 44

1484.
  96
- 55

1485.
  77
- 57

1486.
$$\begin{array}{r} 88 \\ -\ 41 \\ \hline \end{array}$$

1487.
$$\begin{array}{r} 64 \\ -\ 49 \\ \hline \end{array}$$

1488.
$$\begin{array}{r} 89 \\ -\ 49 \\ \hline \end{array}$$

1489.
$$\begin{array}{r} 90 \\ -\ 57 \\ \hline \end{array}$$

1490.
$$\begin{array}{r} 69 \\ -\ 45 \\ \hline \end{array}$$

1491.
$$\begin{array}{r} 75 \\ -\ 47 \\ \hline \end{array}$$

1492.
$$\begin{array}{r} 52 \\ -\ 43 \\ \hline \end{array}$$

1493.
$$\begin{array}{r} 56 \\ -\ 56 \\ \hline \end{array}$$

1494.
$$\begin{array}{r} 69 \\ -\ 43 \\ \hline \end{array}$$

1495.
$$\begin{array}{r} 99 \\ -\ 48 \\ \hline \end{array}$$

1496.
$$\begin{array}{r} 99 \\ -\ 55 \\ \hline \end{array}$$

1497.
$$\begin{array}{r} 67 \\ -\ 53 \\ \hline \end{array}$$

1498.
$$\begin{array}{r} 68 \\ -\ 50 \\ \hline \end{array}$$

1499.
$$\begin{array}{r} 65 \\ -\ 42 \\ \hline \end{array}$$

1500.
$$\begin{array}{r} 87 \\ -\ 47 \\ \hline \end{array}$$

1501.
$$\begin{array}{r} 78 \\ -\ 43 \\ \hline \end{array}$$

1502.
$$\begin{array}{r} 91 \\ -\ 56 \\ \hline \end{array}$$

1503.
$$\begin{array}{r} 80 \\ -\ 59 \\ \hline \end{array}$$

1504.
$$\begin{array}{r} 87 \\ -\ 42 \\ \hline \end{array}$$

1505.
$$\begin{array}{r} 89 \\ -\ 57 \\ \hline \end{array}$$

1506.
$$\begin{array}{r} 91 \\ -\ 51 \\ \hline \end{array}$$

1507.
$$\begin{array}{r} 53 \\ -\ 44 \\ \hline \end{array}$$

1508.
$$\begin{array}{r} 57 \\ -\ 55 \\ \hline \end{array}$$

1509.
$$\begin{array}{r} 89 \\ -\ 43 \\ \hline \end{array}$$

1510.
$$\begin{array}{r} 87 \\ -\ 57 \\ \hline \end{array}$$

1511.
$$\begin{array}{r} 54 \\ -\ 50 \\ \hline \end{array}$$

1512.
$$\begin{array}{r} 55 \\ -\ 42 \\ \hline \end{array}$$

1513.
$$\begin{array}{r} 55 \\ -\ 46 \\ \hline \end{array}$$

1514.
$$\begin{array}{r} 77 \\ -\ 46 \\ \hline \end{array}$$

1515.
$$\begin{array}{r} 94 \\ -\ 60 \\ \hline \end{array}$$

SUBTRACTION

1516.
$$81 - 54$$

1517.
$$79 - 59$$

1518.
$$100 - 52$$

1519.
$$78 - 41$$

1520.
$$91 - 46$$

1521.
$$59 - 57$$

1522.
$$99 - 50$$

1523.
$$92 - 56$$

1524.
$$72 - 42$$

1525.
$$98 - 52$$

1526.
$$86 - 52$$

1527.
$$79 - 54$$

1528.
$$53 - 46$$

1529.
$$85 - 50$$

1530.
$$92 - 46$$

www.ingramcontent.com/pod-product-compliance
Lightning Source LLC
Chambersburg PA
CBHW080845220526

45467CB00008B/2394